Wilhelm Ostwald

Die Energie

bremen
university
press

Wilhelm Ostwald

Die Energie

ISBN/EAN: 9783955620738

Auflage: 1

Erscheinungsjahr: 2013

Erscheinungsort: Bremen, Deutschland

@ Bremen-university-press in Access Verlag GmbH, Fahrenheitstr. 1, 28359 Bremen. Alle Rechte beim Verlag und bei den jeweiligen Lizenzgebern.

bremen
university
press

WISSEN UND KÖNNEN

DIE ENERGIE

VON

Prof. Dr. W. OSTWALD
GROSS-BOTHEN

LEIPZIG
VERLAG VON JOHANN AMBROSIUS BARTH
1908

Spamersche Buchdruckerei in Leipzig.

Inhalts-Verzeichnis.

Zur Einführung.

Entwicklungsgeschichte und Inhalt eines Begriffes will ich schildern, eines Begriffes, der so klein angefangen hat, wie wir uns den ersten Keim auf der soeben erst erkalteten und zum Träger des Lebens bereit gewordenen Erde vorstellen. Und ebenso wie jener erste Lebenskeim hat er sich entfaltet und entwickelt; er hat immer mannigfaltigere Gestalten angenommen und sich immer verschiedenartigeren Verhältnissen anzupassen gewußt. Eine Wüste nach der anderen hat er erobert und mit dem Leben seiner Kinder überkleidet. So gewaltig hat sich seine Lebenskraft und seine Anpassungsfähigkeit betätigt, daß wir uns gegenwärtig kein Gebiet so dürr, keine Höhe so luftverdünnt vorstellen können, daß nicht entsprechend angepaßte Lebensformen dieses ursprünglichen Keimes dort gedeihen könnten. Wir erwarten nichts anderes, als daß er allmählich das ganze Bereich menschlichen Wissens unter seine Herrschaft bringen wird. Zwar wird es keine absolute Herrschaft solcher Art sein, daß kein anderer Begriff neben oder über ihm seinen Platz fände. Deren gibt es genug, die abstrakter und daher in gewissem Sinne höher sind als er. Aber es ist zurzeit keiner bekannt, in dem sich gleichzeitig Allgemeinheit und Besonderheit, umfassende Geltung und Bestimmtheit der Aussage in solchem Maße vereinigten, wie in ihm. So müssen wir diesen Begriff als die reichste und lebensvollste Inkarnation unseres Wissens bezeichnen, die wir bisher gefunden haben. Wir können sagen, daß wir kein Geschehnis in der Welt kennen, das sich nicht in Zusammenhang mit diesem Begriffe bringen ließe, und daß von den vielen anderen Begriffen, wie Zahl, Zeit,

Raum, Größe usw., die wir zur gedanklichen Erfassung der
Welt ausgebildet haben, unser Begriff das Meiste und Be-
stimmteste über den Inhalt dieser unserer Welt ausspricht
und in Zusammenhang bringt.

Dieser Begriff ist die Energie.

Allerdings muß der Leser, dem die physikalische Termino-
logie nicht geläufig ist, sich zunächst von den Vorstellungen
ein wenig befreien, die wir im gewöhnlichen Leben mit dem
Worte Energie zu verbinden pflegen. Gewöhnlich verstehen
wir darunter eine moralische Eigenschaft, die etwa dasselbe
bezeichnet, wie das deutsche Wort Willenskraft oder Tat-
kraft. Ein energischer Mensch ist uns ein solcher, der erstens
genau weiß, was er will, und der zweitens seine Pläne auch
dann ausführt, wenn sich ihm Widerstände aller Art ent-
gegensetzen. Es ist also die starke Entwicklung derjenigen
menschlichen Eigenschaften, von denen alles Wirken und
Handeln abhängt, die man mit diesem aus dem Griechischen
stammenden Worte bezeichnet. Gerade diese Seite der Bedeutung, nur aus dem Moralischen ins Physische übertragen,
ist es, die sich der Laie als Zugang zu dem Verständnis des
Begriffes merken mag. Auch in der leblosen Natur nehmen
wir allerlei Veränderung wahr, die wir auf gewisse Betätigungen zurückführen. Wenn der Sturm das Meer in seinen
Tiefen aufwühlt und auf dem Lande Bäume umreißt, wenn
die Strahlen der Sonne unseren Körper erwärmen und zahllose Pflanzen zum Ergrünen und Gedeihen bringen, wenn
wir auf dem Zweirade oder im Automobil durch die Länder
fliegen und wenn wir in behaglicher Abendstunde uns die
trauliche Arbeitslampe anzünden, dann können wir uns diese
Vorgänge auf die mannigfaltigste Weise unter Gesetz und
Ordnung bringen. Wir schreiben die Gewalt des Sturmes der
lebendigen Kraft der bewegten Luft zu, die ihrerseits von
Wärmeunterschieden an verschiedenen Stellen der Erdoberfläche herrührt, und die segensreiche Wirkung der Sonne
dem Lichte, das sie uns zustrahlt. Die chemische Arbeit,
die in unseren Muskeln oder im Benzin unseres Motors
enthalten ist, bewirkt unsere geschwinde Bewegung und je

nachdem wir unsere Lampe mit Brennöl, Gas oder Elektrizität speisen, verwandeln wir chemische oder elektrische Arbeit in Licht. Das sind äußerst mannigfaltige Geschehnisse, aber wenn der Physiker sich über sie und ihre Ursachen und Gesetze so allgemein wie möglich ausdrücken will, so sagt er: es handelt sich um Umwandlungen verschiedener Arten Energie ineinander. Was im Sturme wirkt, ist kinetische oder Bewegungsenergie und was die Sonne uns sendet, ist strahlende Energie. Das Allgemeine an den chemischen Vorgängen, die so erstaunlich mannigfaltig sich dem forschenden Auge darbieten, ist die chemische Energie, und daß die elektrische Lampe uns ihre Strahlen zusendet, beruht auf der elektrischen Energie, die in der Zentrale erzeugt worden ist und im Kohlefaden der Glühbirne sich in strahlende Energie verwandelt. Dies ist der strenge und wissenschaftliche Ausdruck für alle diese Geschehnisse, und schon diese wenigen Beispiele lehren uns, daß anscheinend nichts passieren kann, ohne daß die Energie dabei beteiligt ist oder was zu sagen hat.

Dies ist gerade der Eindruck, den ich hervorrufen wollte. Es kann in der Tat nichts passieren, ohne daß dabei die Energie in Frage käme, ebenso wie nichts passieren kann, was nicht seinen Platz in der Zeit und im Raume hätte. Aber während wir uns Zeit und Raum wenigstens teilweise leer und ohne Geschehnisinhalt vorstellen können, können wir (zunächst wir Naturwissenschaftler) uns kein Geschehnis denken, ohne daß dabei die Energie beteiligt wäre. Die Energie ist daher in allen realen oder konkreten Dingen als wesentlicher Bestandteil enthalten, der niemals fehlt, und insofern können wir sagen, daß in der Energie sich das eigentlich Reale verkörpert.

Und zwar ist die Energie das Wirkliche in zweierlei Sinn. Sie ist das Wirkliche insofern, als sie das Wirkende ist; wo irgend etwas geschieht, kann man auch den Grund dieses Geschehens durch Kennzeichnung der beteiligten Energien angeben. Und zweitens ist sie das Wirkliche insofern, als sie den Inhalt des Geschehens anzugeben gestattet. Alles, was geschieht, geschieht durch die Energie und an der

Energie. Sie bildet den ruhenden Pol in der Erscheinungen Flucht und gleichzeitig die Triebkraft, welche das Weltall der Erscheinungen um diesen Pol kreisen läßt. Wahrlich, wenn heute ein Dichter Ausschau halten wollte nach dem größten Inhalte menschlichen Denkens und Schauens und wenn er klagen wollte, daß keine großen Gedanken mehr die Seelen zu weitreichendem Umfassen aufregen, so könnte ich ihm den Energiegedanken als den größten nennen, den die Menschheit im letzten Jahrhundert an ihrem Horizonte hat auftauchen sehen, und ein Poet, der das Epos der Energie in würdigen Tönen zu singen verstände, würde ein Werk schaffen, das den Anspruch hätte, als Epos der Menschheit gewürdigt zu werden.

Aber bevor dieser Dichter an sein Werk gehen kann, muß er erst seine Hörer und Leser entstehen sehen, denn sie sind zurzeit nur erst in sehr geringer Zahl vorhanden. Zwei Generationen sind erwachsen, seit jener Gedanke zum ersten Male in seiner Allgemeinheit ausgesprochen worden war, und noch ist er lange nicht das Eigentum der gesamten Kulturgemeinde der Menschen geworden. Vor einigen Jahren hat ein weitschauender und tiefdenkender Wohltäter[1]) für die brennende Aufgabe unserer Zeit, für die Erforschung der sozialen Erscheinungen, nicht nur die Geldmittel zur Errichtung eines glänzend ausgestatteten Institutes hergegeben, sondern er hat diesem Institute auch ein noch wertvolleres Kapital in Gestalt eines führenden Gedankens geschenkt, dessen Aus- und Durcharbeitung den geistigen Inhalt jener Anstalt für alle absehbare Zukunft bilden wird. Dieser führende Gedanke ist die Anwendung der Energielehre oder Energetik auf die sozialen Erscheinungen; E. Solvay ist mit Recht der Ansicht, daß erst durch diese Anwendung sich die Möglichkeit wissenschaftlicher Erfassung und Ordnung dieser so überaus verwickelten Probleme ergeben wird. Aber statt daß dieser grundlegende Gedanke alsbald überall eingeschlagen wäre und den entsprechenden Widerhall erweckt hätte, scheint er bisher kaum verstanden zu sein und außerhalb des

---

[1]) Ernest Solvay in Brüssel.

Kreises seiner Mitarbeiter hat er seine Wirkung noch kaum betätigen können. Und so geht es an den verschiedensten Stellen der Wissenschaft und der Praxis. Wie bei gewissen edlen Gewächsen muß der Samen jahrelang scheinbar unverändert in der Erde liegen, bis dann endlich sich die aufgespeicherten Lebenskräfte entfesselt zeigen und ein herrliches Gebilde in märchenhaft kurzer Zeit sich entwickelt.

Dieser künftigen Entwicklung den Boden zu bereiten, soweit es meine Kräfte und Mittel gestatten wollen, ist seit vielen Jahren die wesentlichste Richtung meines wissenschaftlichen wie praktischen Bestrebens in Forschung, Lehre und Schrift gewesen. Auch der vorliegende Versuch dient dem gleichen Zwecke. An den weiten Kreis der Gebildeten mich wendend, will ich versuchen, unter beständiger Beziehung auf den Inhalt der täglichen Erfahrung zu zeigen, wie unter dem Zeichen der Energie die verschiedenartigsten Betätigungen menschlichen Wissens und Könnens sich einheitlich zusammenfassen und darstellen lassen, wie die Energie den Maßstab abgibt, nicht nur das Vergangene zu verstehen und das Gegenwärtige zu beurteilen, sondern auch das Künftige vorauszusagen und zu bestimmen. Groß ist die Aufgabe, die vor mir steht, und bescheiden sind die Kenntnisse und Kräfte, die für ihre Bewältigung ausreichen sollen. Aber Aufgaben sind da, um gelöst zu werden, und welcher Schlachtruf wäre wohl besser geeignet, den Ermattenden mit neuem Mute zu erfüllen, als das Wort: Energie?

Und so wollen wir beide, Leser und Autor, unter diesem Zeichen frischfröhlich ans Werk gehen. Wir wollen uns den Weg nicht von vornherein durch dürre Definitionen verlegen, die zunächst notwendig arm an Inhalt bleiben müssen, bis die erforderlichen Einzelanschauungen entwickelt sein werden. Vielmehr wollen wir versuchen, den Strom dieses Gedankens von seinen Quellen aus zu verfolgen, wie er zunächst als Tau oder Regen der allgemeinen Anschauung sozusagen vom Himmel gefallen ist und sich alsdann als schmales Bächlein aus der Vielfältigkeit der menschlichen Begriffsentwicklung ausgesondert hat. Wir werden sehen, wie er im Laufe

durch die Weiten der Geschichte einen Nebenfluß nach dem
anderen in sein allgemeines Bett aufgenommen hat, wie er
immer mannigfaltigere Länder durcheilt, hier Felsriegel durch-
brechend, dort weite Strecken befruchtend, wie er die Völker
sondert und doch verbindet und wie er schließlich als macht-
voller Strom in den Ozean des menschlichen Wissens sich
ergießt, zu dessen Bildung er so mächtig beigetragen hat.
Auf diesem Wege werden wir ihn besser kennen lernen, als
wenn wir an irgend einer Stelle eine exakte Aufnahme seines
Profils, seiner Wassermengen und ihrer Geschwindigkeiten
machten, und was sonst zur Definition des Stromes gehören
mag. Und so wolle der Leser sich getrost dem Führer für
einige Stunden anvertrauen. Wird ihm dieser auch nicht
alles zeigen können, was es Sehenswertes unterwegs gibt,
so wird er ihn doch Wege führen, die er selbst wieder und
wieder gegangen ist und auf denen er sich oft genug der
schönen Aussichten und erquickenden Einsichten erfreut hat,
die sie vermitteln. Und es ist keine fremde Welt, in die wir
treten wollen, sondern ganz und gar unsere eigene, mit der
wir durch tausendfache Fäden des Interesses und der Neigung
verbunden sind. Aber sie wird uns im Lichte des Energie-
gedankens nicht mehr als ein fremdes und rätselhaftes Nebeneinander, sondern als ein organisch verbundenes Für- und
Durcheinander erscheinen, und dies neue Licht zu gewinnen,
sollte schon einige Stunden Wanderung wert sein.

Erstes Kapitel. Älteste Geschichte der Energetik.

1. Wie bei allen großen Gedanken ist es auch bei der
Energie einigermaßen willkürlich, wie weit man ihre Geschichte zurückverfolgen will. Gewisse Seiten ihres Wesens
sind bereits sehr früh erkannt worden, wenn auch nur in
ihrer Anwendung auf einen äußerst engen Kreis von Erscheinungen, und erst im Laufe der Zeit, anfangs äußerst
langsam, dann schneller und schneller, hat sich die Erkenntnis
entwickelt, daß ein Gebiet der Wirklichkeit nach dem anderen

ihr untertan ist. So kann man zwar angeben, daß die klare Feststellung allgemeinen Begriffes der Energie nicht früher als im Jahre 1842 erfolgt ist, und könnte somit, wenn man genaue geschichtliche Kapiteleinteilungen liebt, die Geschichte der Energielehre oder Energetik von diesem Zeitpunkte ab beginnen. Aber ebensowohl muß man zugeben, daß die ersten Ansätze zur Gestaltung dieses Begriffes und die ersten Erkenntnisse von den in ihm zusammengefaßten Gesetzlichkeiten sich bis zu den griechischen Mathematikern und Naturphilosophen zurückverfolgen lassen und daß insbesondere zur Zeit der Neugeburt der Naturwissenschaften, im siebzehnten und achtzehnten Jahrhundert, die entsprechenden Gedankenbildungen bereits eine sehr erhebliche Rolle spielen. Allerdings zunächst mehr unbewußt, gleichsam tastend und versuchend. Dann aber immer klarer und klarer, bis seine Bedeutung, wenn auch unter anderem Namen, bei Gelegenheit der endgültigen Formulierung der klassischen Mechanik durch Lagrange am Ende des achtzehnten Jahrhunderts vollständig erkannt und ins Licht gestellt worden ist. Diese Bedeutung aber ist, daß das Gesetz von der Unerschaffbarkeit der mechanischen Arbeit zur allgemeinen Grundlage der gesamten Mechanik gemacht wurde und dieser Satz als die Grundlage der Mechanik allgemein dazu benutzt wurde, um gemäß dem allgemeingültigen Schlußverfahren der Mathematik und Logik alle anderen mechanischen Beziehungen, insbesondere die Theorie der Maschinen, aus ihm abzuleiten.

Den Inhalt dieses Satzes erkennt man am leichtesten aus seinen ersten, einfachsten und schüchternsten Anwendungen. Es gibt allerlei einfache mechanische Maschinen, z. B. den Hebel, die Rolle, die schiefe Ebene. Wenn man Bewegungsursachen oder Kräfte auf die beweglichen Teile derartiger Maschinen einwirken läßt, so gibt es bestimmte Verhältnisse, unter denen die vorhandenen Bewegungsursachen nicht zur Wirkung gelangen, trotzdem sie vorhanden sind. Man nennt solche Fälle Gleichgewicht, von dem alsbald zu besprechenden einfachsten Falle her, daß an den beiden Enden eines gleicharmigen Hebels gleiche Gewichte wirken. In

der Tat wird man bereit sein zuzugeben, daß, wenn zwei
Bewegungsursachen von vollkommen gleichem Werte bestehen,
welche entgegengesetzte Bewegungen hervorzubringen streben
oder sie hervorbringen würden, wenn sie sich einzeln betätigen könnten, alsdann keine Bewegung stattfinden kann.

2. Der erste Forscher, welcher über diesen Punkt hinaus-
zugehen versuchte, war, soviel wir wissen, Aristoteles.
Dieser in jeder Beziehung ungewöhnlich hervorragende Denker
besaß in erster Linie einen anschauenden Geist. Dies wird
dadurch gekennzeichnet, daß unter seinen zahllosen Leistungen
seine naturhistorischen Beschreibungen und Darstellungen der
Zeit am meisten widerstanden haben; sie können vielfach noch
heute als mustergültig angesehen werden. In dieser Beziehung steht er in einigem Gegensatze zu der übrigen griechischen Wissenschaft, welche, wie die Entwicklung ihrer
Mathematik und Geometrie zeigt, viel mehr auf die Konstruktion und die Spekulation in mehr oder weniger willkürlich
gewählten Gedankensphären gerichtet war und den steten
Anschluß an die Beobachtung als lästig empfand. Hieraus
entstand ihr allgemeines Verfahren, aus irgend welchen
Axiomen, d. h. unbeweisbaren, weil „selbstverständlichen"
Sätzen scheinbar durch reines Denken ganze Systeme wissenschaftlicher Sätze abzuleiten. Aristoteles dagegen ist vielmehr geneigt, die Natur zu befragen, und wenn ihm auch
gelegentlich die Gewohnheiten seiner Landsleute, von denen
er sich natürlich trotz aller Bemühung unmöglich vollkommen
frei halten konnte, einen bösen Streich spielen, so steht doch
insgesamt sein Denken dem moderneren viel näher als das der
anderen griechischen Forscher und Philosophen.

Durch die übermäßige Schätzung, welche man den Schriften
des Aristoteles im Mittelalter zuteil werden ließ, ist es im
Beginn der Neuzeit bekanntlich nötig gewesen, die Bahn für
die Entwicklung der modernen Wissenschaften erst dadurch
frei zu machen, daß man die Aristotelische Scholastik be-
seitigte. Der Kampf gegen die übermäßige Verehrung der
Antike ist auf gewissen Gebieten, insbesondere in der Philo-
logie und der Jurisprudenz, bis auf den heutigen Tag noch

nicht vollkommen zu Ende geführt; in der Mathematik und
in den Naturwissenschaften indessen wurde er der Hauptsache nach bereits vor drei oder vier Jahrhunderten erledigt,
wenn auch an einzelnen Stellen verspätete Nachzügler sich
noch heute bemerkbar machen. Durch diesen notwendig gewesenen Kampf, der sich viel mehr gegen die Übertreibung
der Scholastiker als gegen den Inhalt jener Lehren zu richten
hatte, ist auch unwillkürlich eine Unterschätzung des Wert-
vollen hervorgerufen worden, was jene alten Forscher geleistet hatten. Dies konnte natürlich nicht anders sein: solange man jene Leistungen als absolute Werte, die in keiner
Weise geschichtlich beschränkt und bedingt sein sollten, aufzufassen und darzustellen versuchte, war auch eine unge-
schichtliche und unnachsichtige Kritik dieser Leistungen und
ihrer Irrtümer und Unvollkommenheiten nötig gewesen. Heute,
wo jener Anspruch gefallen ist, kommt die geschichtliche Betrachtung zu ihrem Recht und damit tritt die große, wenn
auch nicht unbedingte Bedeutung jener Fortschritte hervor.

Aristoteles knüpft die Betrachtungen, die uns hier
interessieren, an die Waage und damit an den Hebel an. Daß
ein beiderseits vollkommen gleichartig beschaffener Hebel im
Gleichgewicht sein muß, nimmt er als „selbstverständlich"
an. Ferner aber hat er bereits eine Ahnung von dem Satze,
daß der Hebel auch dann im Gleichgewicht ist, wenn er zwar
ungleich belastet ist, aber so, daß sich die Lasten umgekehrt
verhalten wie die Längen der Hebelarme. Er denkt sich
dann, um hieraus einen allgemeineren Satz zu gewinnen, den
Hebel bewegt und bemerkt, daß aus geometrischen Gründen
die Geschwindigkeiten, mit denen beide Lasten sich bewegen, d. h. die in der gleichen Zeit zurückgelegten Wege,
sich umgekehrt verhalten wie die Lasten oder Kräfte. Hieraus zieht er dann den allgemeinen Schluß, daß die Wirkungen
verschiedener Kräfte gleichwertig sind, wenn sich die erzeugten Geschwindigkeiten umgekehrt wie die Kräfte verhalten.

3. In dieser Betrachtung liegt der Keim zweier entgegen-
gesetzter Entwicklungen vor. Die eine ist wohlbekannt; sie
führt unmittelbar zu den Forschungen Galileis über den

freien Fall und hat ergeben, daß das Prinzip des Aristoteles, daß die Kräfte durch die erzeugten Geschwindigkeiten gemessen werden, in bestimmter, naheliegender Weise aufgefaßt, falsche Resultate ergibt. Die andere Entwicklung hat an eine etwas ferner liegende, aber richtige mit den Tatsachen übereinstimmende Auffassung jenes Satzes angeknüpft. Sie hat zu einem Prinzip geführt, welches während seiner stufenweisen Aufklärung eine Reihe verschiedener Namen angenommen hat. Im unmittelbaren Anschlusse an den Gedanken des Aristoteles wurde es später das Prinzip der virtuellen Geschwindigkeiten genannt. Später hat man erkannt, daß die Einführung des Wortes Geschwindigkeit hier nicht angemessen ist, denn das Gleichgewicht ist ja unabhängig davon, ob man sich die prüfende Bewegung des belasteten Hebels schnell oder langsam vorgenommen denkt. Man hat das Prinzip dann als das der virtuellen Verschiebungen bezeichnet. Aber auch dieser Name erwies sich als ungeeignet, denn die Verschiebung allein ist nicht maßgebend, sondern das zusammengesetzte Verhältnis aus der Verschiebung, die der Ansatzpunkt der vorhandenen Kräfte bei einer Bewegung erfährt, und der Größe dieser Kräfte. Als später für das Produkt aus diesen beiden Größen der Name Arbeit allgemein üblich wurde, hat man endlich das fragliche Prinzip das der virtuellen Arbeiten genannt, und damit hat es seinen endgültigen Ausdruck gefunden.

Es ist zunächst mit wenigen Worten der Begriff des virtuellen zu erläutern. Bei der von Aristoteles angegebenen Prüfung der vorhandenen Verhältnisse durch eine Bewegung des belasteten Hebels kann offenbar diese Bewegung so klein sein, als man will; andererseits muß sie von solcher Beschaffenheit sein, wie die Einrichtung der Maschine sie bedingt und zuläßt. Man kann beispielsweise, wenn der eine Arm des Hebels doppelt so lang ist wie der andere, die Bewegung nur so durchführen, daß auch der eine Endpunkt einen doppelt so großen Weg macht wie der andere, und kann keinenfalls die beiden Punkte unabhängig voneinander in beliebiger Weise bewegen. Dies ist nun der Begriff der virtuellen Bewegung: sie ist eine solche Bewegung, wie sie die Maschine vorschreibt, und ist ferner meist, um entbehrliche Verwickelungen zu vermeiden, so klein als möglich angenommen.

Dieses bei Aristoteles zuerst in sehr unvollkommener Form auftretende Prinzip der virtuellen Arbeiten besagt, daß Gleichgewicht in einer Maschine besteht, wenn die virtuellen Arbeiten sich gegenseitig aufheben oder die algebraische Summe Null bilden. Denn wenn sich die Wege umgekehrt verhalten wie die zugehörigen Kräfte, so müssen die Produkte aus den Wegen und den Kräften einander gleich sein. Dieser Satz hat sich in seiner späteren Entwicklung nicht nur als das Grundprinzip der gesamten Statik oder der Lehre vom Gleichgewicht erwiesen, sondern wir müssen in ihm auch die erste sichtbare Quelle des Energiebegriffes sehen. Allerdings handelt es sich hier nur um eine Quelle und nicht um den Strom selbst und es hat noch einer ungeheuren, durch zwei Jahrtausende sich erstreckenden Arbeit bedurft, bis sich der Strom aus der Quelle entwickelt hat. Aber wir können von diesem Punkte ab ganz deutlich den weiteren Verlauf erkennen, und dies ist der Grund, weshalb wir ihm so viel Aufmerksamkeit geschenkt haben.

4. Ganz anders und viel „griechischer" verfährt der andere Begründer der antiken Mechanik, Archimedes. Es kommt ihm vor allen Dingen auf die Gewinnung eines klar ausgesprochenen Axioms, eines an sich einleuchtenden Grundsatzes an, aus dem er dann nach dem Vorbilde der griechischen Geometer die ganze Mechanik anscheinend ohne weitere Hilfsmittel als die der Logik und Mathematik ableiten kann. Er benutzt hierzu den gleichen Ausgangspunkt wie Aristoteles, nämlich den Satz, daß ein beiderseits gleich langer und gleich belasteter Hebel im Gleichgewicht bleiben muß. Statt aber diesen Satz als den einfachsten Fall, der möglicherweise vorkommen kann, zu behandeln und dann festzustellen, wie die Arme und die Gewichte gleichzeitig sich ändern müssen, damit wiederum Gleichgewicht eintritt, wenn jene Voraussetzung der Symmetrie nicht erfüllt ist, versucht er, die allgemeineren Fälle aus jenem einfachen abzuleiten. Offenbar ist es an

sich nicht möglich, auf Grund eines gegebenen einfachsten
Falles Auskunft über andere, verwickeltere Fälle zu erhalten,
die bei Aufstellung jenes einfachen Falles ausdrücklich ausgeschlossen waren; es muß notwendig noch weiteres Material
entweder in Gestalt von Erfahrung oder von Axiomen dazu
genommen werden, und für das moderne Denken liegt das
Interesse und der wissenschaftliche Wert der Untersuchung
gerade darin, genau dieses weitere Material aufzudecken und
nachzuweisen. Archimedes dagegen wendet seinen ganzen
Scharfsinn darauf, dieses Material so zu verstecken, daß es
eines ähnlichen Scharfsinnes bedarf, die ausgeführte Vorausnahme des zu Beweisenden in seiner Deduktion nachzuweisen.
Dies ist in sehr klarer Weise von E. Mach in seinem klassischen
Werke „Die Mechanik in ihrer Entwicklung" geschehen.
Hier soll diese Untersuchung nicht wiedergegeben werden,
da sie zur Erhellung unserer Hauptfrage nicht von wesent-
lichem Belang ist.

.So kommen wir zu dem merkwürdigen Ergebnis, daß das
mißverständliche Prinzip des Aristoteles, trotzdem es eine
Quelle vielfacher Irrtümer bei minderen Geistern wurde, sich
dennoch als sachlich weitaus fruchtbarer erwiesen hat als
die äußerlich korrekte Beschränktheit des Archimedes. Doch
schließen sich immerhin auch an die Betrachtungen dieses
ausgezeichneten Mathematikers wichtige Folgerungen.

5. Archimedes macht bei der Aufstellung des Grundsatzes vom Gleichgewicht des symmetrischen Hebels offenbar
von dem Prinzip der Symmetrie Gebrauch, indem er voraus-
setzt, daß bei einem Gebilde, das von symmetrischer Beschaffenheit ist, ein einseitiger Vorgang nicht von selbst
eintreten kann. Unter Benutzung des viel später von Leibniz
eingeführten Satzes vom zureichenden Grunde, wonach
nichts geschieht, wofür man nicht einen zureichenden Grund
angeben könnte, läßt sich im vorliegenden Falle sagen: bei
einem ganz symmetrisch beschaffenen Hebel liegt weder für
die Drehung nach rechts, noch für die nach links ein zu-
reichender Grund vor, oder wenn ein Grund für die Drehung
nach rechts vorläge, so wäre er in ganz gleicher Weise für

die entgegengesetzte Drehung vorhanden, weil wir eben die
Voraussetzung gemacht haben, daß der Hebel symmetrisch
ist, d. h. daß jeder Eigentümlichkeit auf der einen Seite die
gleiche, aber entgegengesetzte Eigentümlichkeit auf der anderen Seite entspricht.

Allerdings wird es im allgemeinen nicht möglich sein,
eine absolute Symmetrie des Hebels zu erreichen. Denn die
Welt selbst ist nicht symmetrisch; wir werden also niemals
den Hebel so aufstellen können, daß seine ganze Umgebung
nach rechts völlig seiner Umgebung nach links entspricht.
Hier nun macht sich ein sehr allgemeines Verhältnis geltend,
dessen Bedeutung sich weiterhin als größer und größer erweisen wird. Die Geltung bestimmter Gesetzmäßigkeiten ist
nämlich nicht von allem abhängig, was vorhanden ist,
sondern es gibt für einen jeden Tatbestand immer
eine überaus große Anzahl von Umständen, die ohne
jeden meßbaren Einfluß auf ihn sind. Die Entdeckung
der Faktoren, welche einen bestimmten Tatbestand nicht
beeinflussen, ist ebenso wichtig, wie die Entdeckung derjenigen, welche ihn beeinflussen, wenn auch die erste Voraussetzung meist stillschweigend gemacht und benutzt wird. So
liegt der hier besprochenen Überlegung des Archimedes die
Voraussetzung zugrunde, daß außer den Gewichten und der
Länge der Hebelarme überhaupt keine Faktoren vorhanden
sind, welche das Gleichgewicht des Hebels beeinflussen. Gibt
man diese Voraussetzung zu, so ist allerdings der Schluß
von der Symmetrie aus auf das Gleichgewicht zureichend begründet.

6. Die weitere Entwicklung des von Aristoteles mehr
geahnten als gefundenen Prinzips ist zunächst durch Galilei,
den Hauptbegründer der modernen Mechanik, bewerkstelligt
worden. Er wies nach, daß bei der schiefen Ebene und den
anderen einfachen Maschinen dann Gleichgewicht besteht,
wenn bei einer Bewegung der vorhandenen Lasten und Kräfte
(die ihrerseits gleichfalls durch schwere Massen dargestellt
wurden) der gemeinsame Schwerpunkt aller bewegten Massen
sich weder hebt noch senkt. Galileis Schüler Torricelli

fügt hierzu noch die Bemerkung, daß unter dieser Bedingung auch der Schwerpunkt den niedrigsten Stand einnimmt, welcher an der gegebenen Maschine möglich ist. Außerdem gibt es allerdings noch einen Punkt, in welchem die gleiche Voraussetzung erfüllt ist, wenn nämlich der Schwerpunkt seinen höchstmöglichen Stand einnimmt. Dann ist aber das vorhandene Gleichgewicht labil, d. h. unbeständig; solche Fälle können von der Betrachtung ohne Nachteil ausgeschlossen werden.

Dieses Torricellische Schwerpunktstheorem hat während einer langen Zeit eine sehr große Rolle gespielt, trotz seiner Beschränkung auf solche Kräfte, die von der Schwere ausgehen. Eine allgemeinere Auffassung, welche sich hiervon freimacht, läßt sich bis in das dreizehnte Jahrhundert zurückverfolgen, wo in der Schule des Jordanus Nemorus sich, vermutlich im Anschlusse an Aristoteles, eine langsame, aber unverkennbare Klärung des entscheidenden Begriffes erkennen läßt[1]). Lionardo da Vinci ist bei dieser Entwicklung wesentlich beteiligt, die über Cardanus, Ubaldo, Bendetti und Galilei führt. René Descartes macht ein derartiges Prinzip bereits zur Grundlage einer streng in diesem Sinne durchgeführten Statik. Doch der klare Ausspruch des Prinzips, der sogar bezüglich der Bezeichnungsweise ganz modern ist, findet sich erst in einem Briefe, den Jean Bernoulli im Jahre 1717 an Varignon geschrieben hat. Die entscheidende Stelle lautet: „En tout équilibre de forces quelconques, en quelque manière qu'elles soient appliquées, et suivant quelques directions qu'elles agissent les uns sur les autres, ou médiatement, ou immédiatement, la somme des énergies affirmatives sera égale à la somme des énergies négatives, prises affirmativement." Oder auf Deutsch: „Bei jedem Gleichgewicht beliebiger Kräfte, wie sie auch angebracht seien und nach welchen Winkeln sie mittelbar oder unmittelbar aneinander wirken mögen, ist stets die Summe der positiven Energien gleich der positiv genommenen Summe der nega-

---

[1]) P. Duhem, Origines de la statique. Paris 1905 und 06.

tiven Energien." Als Energie wird ausdrücklich das Produkt
der Kraft in dem durchmessenen Weg, letzterer in der Richtung
der Kraft gerechnet, definiert; der Weg wird die virtuelle
Geschwindigkeit genannt, woher dann das Theorem selbst
seinen uneigentlichen Namen erhalten hat[1]).

7. Damit war die grundsätzliche Entwicklung dieser Gedankenreihe im wesentlichen beendet. Eine meisterhafte
Formulierung und Ausgestaltung erfuhr dieser Teil der theoretischen Mechanik durch Lagrange am Ende des achtzehnten Jahrhunderts, der in klassischer Form in seiner
analytischen Mechanik die mathematische Gestaltung dieser
Wissenschaft durchgeführt hatte. Nur insofern besteht eine
formale Rückständigkeit, als er das Prinzip wieder das der
virtuellen Geschwindigkeiten nennt, obwohl sein mathe-
matischer Ausdruck natürlich die Arbeitsgrößen enthält.

Von größtem Interesse ist der Beweis, welchen Lagrange
für dieses Prinzip gibt und der im Gegensatze zu der streng-
analytischen Fassung seines ganzen Lehrgebäudes sich an
die Anschauung wendet. Er denkt sich alle Kräfte, die an
dem betrachteten System vorhanden sind, durch entsprechend
eingerichtete Flaschenzüge ersetzt, über welche alle ein langer
Faden geführt worden ist, indem die Stärke der verschiedenen
Kräfte durch eine entsprechende Anzahl von Windungen dieses
Fadens über ebensoviele Rollen zum Ausdruck gebracht wird;
die Richtung der Kräfte ist natürlich auch die Richtung des
Fadens an dem betreffenden Punkte. Denkt man sich nun
eine virtuelle Bewegung ausgeführt, so wird das letzte freie
Ende des Fadens, an welchem die Einheitskraft (etwa in
Gestalt eines Gewichtes) wirkt, entweder eine aufsteigende
oder eine absteigende Bewegung beschreiben oder endlich in
Ruhe bleiben. Bleibt das Ende in Ruhe, so ist das Gebilde
im Gleichgewicht.

---

[1]) Soweit meine Kenntnis der Literatur reicht, bin ich es selbst gewesen, der vor 15 Jahren dem auf alle möglichen Energieänderungen er-
weiterten Satze seinen eigentlichen Namen gegeben und den Satz selbst
in dieser allgemeinsten Form ausgesprochen hat. Vgl. Ber. der Sächs.
Ges. der Wiss. 1892.

Ist dagegen Gleichgewicht nicht vorhanden, so können nur solche Bewegungen der Maschine freiwillig oder ohne äußere Einwirkung erfolgen, bei welchen sich das Ende des Fadens senkt oder sich im Sinne der dort wirkenden Kraft bewegt. Lagrange betrachtet diese Zurückführung des Prinzips der virtuellen Arbeiten auf die Tatsache, daß ein Gewicht sich nicht freiwillig erheben wird, als einen ausreichenden Beweis dieses Prinzips. Wir sind alle bereit, einen solchen Nachweis als bindend anzuerkennen. Warum? Weil ein entgegengesetztes Verhalten zu einer Schöpfung von Arbeit aus nichts führen würde, weil es, mit anderen Worten, ein Perpetuum mobile ergeben würde. Ein solches aber halten wir für unmöglich. Wie wir zu dieser Überzeugung gekommen sind, müssen wir daher zunächst genauer erfahren.

Zweites Kapitel. Das Perpetuum mobile.

8. Es gibt in der Geschichte des menschlichen Denkens eine Anzahl von Problemen, über die sich die Forscher lange Zeiten immer wieder vergeblich den Kopf zerbrochen haben, bis man schließlich allgemein erkannt hat, daß diese Probleme die Eigenschaft der Unlösbarkeit hatten. Es handelt sich hier nicht um die vielberufenen „Welträtsel", sondern vielmehr um praktische Aufgaben, deren Lösung man sich ganz wohl vorstellen konnte; nur wußte man eben nicht, wie man dazu kommen sollte. Eines dieser Probleme war die Quadratur des Kreises, d. h. die Aufgabe, durch eine geometrische Konstruktion die Seitenlänge eines Quadrats zu finden, welches denselben Flächeninhalt besitzt, wie ein Kreis mit gegebenem Radius. Die Erledigung dieses Problems bestand nicht etwa in der Entdeckung der gesuchten Konstruktion, sondern in dem allgemeinen geometrisch-mathematischen Beweise, daß eine solche Konstruktion mit Zirkel und Lineal unausführbar ist, weil sie das Gebiet der auf solche Weise erreichbaren Formen überschreitet. Ähnlich verhält sich das Problem der Dreiteilung eines gegebenen Winkels. Wenn es

daher dem flüchtigen Beobachter der Geschichte so erscheint,
als wäre die große Summe von Zeit und Kraft, die auf die
vergeblichen Versuche zur Lösung solcher unmöglichen Aufgaben verwendet worden war, rein verloren gewesen, so sehen
wir, daß dies ein Irrtum ist. Der erfahrungsmäßige Nachweis,
daß jene Aufgaben mit den angenommenen Mitteln nicht
lösbar sind, bedeutet tatsächlich einen wichtigen wissenschaftlichen Fortschritt, da er jene allgemeine Theorie vorbereitet
und hervorgerufen hat, durch welche die obwaltenden Verhältnisse ganz allgemein klar gestellt wurden.

Noch viel anschaulicher wird dieses Gesetz von dem positiven Nutzen negativer Erfahrungsergebnisse an dem entsprechenden unmöglichen Problem der Mechanik, dem Perpetuum mobile. Man versteht darunter eine Maschine,
die sich selbständig in Bewegung hält, ohne irgend welchen
äußeren Aufwand dafür zu brauchen. Eine solche Maschine
hätte zunächst einen großen praktischen Wert. Denn zu den
wirklichen Bewegungen, zum Transport von Waren beispielsweise, bedarf man immer eines gewissen Aufwandes an Trägern,
Zugtieren usw. Wenn man einen Wagen hätte, der sich
selbst in Bewegung setzte und erhielte, könnte man ohne
diesen Aufwand auskommen. Andererseits wäre die Maschine
von dem größten wissenschaftlichen Interesse. Denn wenn
auch die bekannten irdischen Bewegungen alle dadurch gekennzeichnet sind, daß sie mehr oder weniger bald aufhören,
wenn man sie nicht durch einen entsprechenden Aufwand
unterhält, so gewährt uns doch andererseits die Sternenwelt
die Anschauung eines in steter Bewegung befindlichen Gebildes, welches anscheinend ununterbrochen und unermüdet
seine Bewegungen durch alle Zeiten fortgesetzt hat und
keinerlei Anzeichen dafür erkennen läßt, daß diese langsamer
werden oder gar aufhören wollen. Somit scheint es erfahrungsmäßig bewiesen zu sein, daß ein Perpetuum mobile möglich
ist, da ein solches wenigstens in dem einen Beispiele wirklich
existiert. Es entsteht also die höchst interessante Frage:
warum gibt es auf Erden kein Perpetuum mobile, da es doch
am Himmel eines gibt?

9. Denn dies hatten alle Konstruktionen ergeben, in denen
eine ganze Anzahl hervorragender Männer und eine noch
viel größere Anzahl anderer all ihren Scharfsinn versucht
hatten, daß ein irdisches Perpetuum mobile nicht geht. In
den alten Sammlungen der physikalischen Kabinette finden
sich zuweilen noch heute Modelle solcher Apparate, von denen
ihre Erfinder mit größter Zuversicht annahmen, daß sie gehen
müßten, solange die Konstruktion auf dem Papiere blieb.
Jedesmal, wenn ein solches Ding ausgeführt wurde, weigerte
es sich, die gehegten Erwartungen zu erfüllen.

Ich erinnere mich selbst aus meinen Schuljahren einer
derartigen Erfindung, welche mir damals einen Tadel wegen
Unaufmerksamkeit in der Physikstunde eingebracht hatte,
obwohl ich sonst den Worten unseres vortrefflichen Physik-
lehrers mit der größten Hingabe zu lauschen pflegte. Wir
hatten die Erscheinungen der O b e r f l ä c h e n s p a n n u n g
kennen gelernt und dabei erfahren, daß in engen Röhren
das Wasser höher steht, als in weiten. Hieraus schloß ich
folgendes: Nimmt man ein enges Rohr, das kürzer ist, als
die Steighöhe des Wassers darin wäre, so muß das Wasser
am oberen Ende herausfließen. Verbindet man das Rohr
mit einem weiteren in der Gestalt eines Hebers, so muß bei
passender Bemessung der Höhen und Weiten ein Heber gebildet werden, der nicht wie ein gleichweiter das Wasser von
oben nach unten befördert, sondern in umgekehrter Richtung.
Ich nahm alle meine Glasbläserkunst (die nicht sehr groß
war) zusammen und es glückte mir auch, das enge Rohr
mit dem weiten richtig zu verbinden.

Als ich aber meinen künstlichen Heber in Tätigkeit setzte,
floß das Wasser in ganz trivialer Weise bergab statt bergan,
wie es auch in einem gewöhnlichen Heber getan haben
würde.

Ich brauche dem Leser nicht erst die Fehlschlüsse in dieser
Erfindung auseinanderzusetzen, denn sie sind zu durchsichtig.
Ähnliche Fehlschlüsse haben alle die gemacht, welche durch
irgend welche mechanische Anordnung ein Perpetuum mobile
konstruieren wollten.

10. Dem persönlichen Gewinn, den ich aus diesem negativen Ergebnis meiner Erfindung für die klarere und sachgemäßere Auffassung der Kapillarerscheinungen zog, ist der Gewinn nach Verhältnis vergleichbar, den die Menschheit aus ihrer auf gleichem Gebiete gemachten Massenerfahrung gezogen hat. Man mußte anerkennen, daß es kein Mittel

gibt, Bewegung aus nichts zu schaffen. Welchen überaus wichtigen und fruchtbaren positiven Inhalt aber dieser negative Satz enthält, zeigte sich zuerst in einer Anwendung, welche der Holländische Forscher Stevinus in einem 1605 erschienenen Werke von ihm gemacht hatte. Stevinus hatte sich die Aufgabe gestellt, die mechanischen Gesetze der schiefen Ebene zu erforschen. Die damalige Mechanik war nach ihrem griechischen Vorbild durchaus Statik, d. h.

sie beschäftigte sich ausschließlich mit der Erscheinung des
Gleichgewichts. Für Stevinus entstand also die Frage, unter
welchen Bedingungen sich die Kräfte längs schiefer Ebenen
von verschiedenem Neigungswinkel im Gleichgewicht halten,
und er löste diese Aufgabe auf eine höchst geniale, weil einfache und durchsichtige Weise. Die umstehende Figur stellt
das Titelbild seines Werkes Hypomemneumata mathematica
dar[1]), auf dem er diesen seinen Gedanken veranschaulicht
hat. Die hervorragende Stelle, welche er ihm so eingeräumt
hatte, zeigt, wie hoch er selbst den Wert dieses Einfalles
veranschlägt.

Stevinus denkt sich ein aus zwei schiefen Ebenen
von beliebiger Neigung zusammengesetztes Gebilde und um
dieses eine geschlossene Kette aus schweren Gliedern ge-
schlungen, welche längs dieser beiden Ebenen gleiten kann.
Die Reibung kann durch eine passende mechanische Einrichtung kleiner und kleiner gemacht werden und man kann
sich vorstellen, daß sie ganz zum Verschwinden gebracht ist.
Auf der linken schiefen Ebene befinden sich vier Kugeln
oder Kettenglieder, auf der rechten nur zwei; links wirkt
demnach das doppelte Gewicht, und man sollte annehmen,
daß sich die Kette dorthin in Bewegung setzen müßte, weil
dort ein Übergewicht besteht. Wenn sie aber dies täte, so
würde eine dauernde Bewegung aus nichts entstehen,
denn wie lange die Bewegung auch fortdauern mag, immer
bleiben auf der rechten Ebene zwei und auf der linken vier
Kugeln, immer also würde die Bewegungsursache fortbestehen.

Wir können uns ganz wohl vorstellen, daß Stevinus
zuerst diesen Gedanken als eine Lösung des Problems des
Perpetuum mobile empfunden haben mag, und daß er mächtig
erstaunt gewesen ist, als seine Maschine ebensowenig gehen
wollte, wie alle derartigen Maschinen vor- und nachher. Und
ebenso können wir uns vorstellen, daß die Sache in Stevinus
weitergefressen hat und ihm keine Ruhe gelassen, bis er sie

---

[1]) Entnommen aus E. Mach, Die Mechanik in ihrer Entwicklung.
5. Auflage. Leipzig 1904.

bewältigt hatte. Und das eben ist das Große an ihm, daß er seinen scheinbaren Verlust, seine Enttäuschung als Erfinder, in einen höchst erheblichen Gewinn zu verwandeln gewußt hat, in die Erkenntnis nämlich, daß in diesem negativen Resultat ein unerschöpflicher positiver Inhalt steckt.

11. Wenn nämlich die Kette in Ruhe bleibt, wie dies ja tatsächlich der Fall ist, so muß man schließen, daß die vier Kugeln links ebensoviel wirken wie die zwei rechts. Der Grund für die verschiedene Anzahl der Kugeln ist offenbar nur die Neigung der schiefen Ebene. Man muß also schließen, daß das Gewicht der Kugeln um so weniger wirkt, je flacher die Ebene liegt, und eine einfache geometrische Betrachtung lehrt uns, daß die Wirkungen der Gewichte auf den schiefen Ebenen sich umgekehrt verhalten wie ihre Längen, denn diesen Längen ist die Anzahl der Kugeln proportional, die auf der Ebene Platz finden.

Das ist nun allerdings ein sehr positives Ergebnis und ein sehr allgemeines dazu. Während nämlich A r c h i m e d e s sein Hebelproblem grundsätzlich nur für den Fall gelöst hatte, daß der Hebel symmetrisch, mit gleichen Armen und gleichen Gewichten gebaut ist, wo man denn allgemein sagen kann, daß eben wegen der Symmetrie eine Drehung nach rechts ebenso wahrscheinlich ist wie eine nach links und daher beide nicht stattfinden können, so hat S t e v i n u s das seine für jede beliebige Zusammensetzung der beiden Ebenen gelöst. Dies ist dadurch möglich geworden, daß er nicht das Symmetrieprinzip benutzt hat, sondern das von der U n m ö g l i c h k e i t des P e r p e t u u m mo b i l e.

Offenbar ist dieses letztere Prinzip sehr viel bestimmter und es ist von Interesse zu fragen, in welchem Verhältnis es zu dem Prinzip der virtuellen Arbeiten steht. Die Antwort ist, daß beide im letzten Ende übereinstimmend sind und dasselbe aussagen. Nur muß allerdings zu diesem Zwecke das Prinzip vom Perpetuum mobile bestimmter ausgesprochen werden.

So wie S t e v i n u s es verwendet hat, läßt es sich nur für solche Fälle benutzen, wo man eine in sich zurückkehrende

Anordnung herstellt, derart, daß bei einer Bewegung sich zwar
der Ort der einzelnen Teile fortdauernd verändert, aber dennoch
jeder fortschreitende Teil alsbald durch einen gleichen, der
an seine Stelle tritt, ersetzt wird. Alsdann genügt der Satz,
daß ein solches Gebilde sich nicht freiwillig in Bewegung
setzt, wenn es vorher in Ruhe war.

Hier ist also der Inhalt des Gesetzes der Erfahrung vom
unmöglichen Perpetuum mobile derart ausgesprochen, daß
die freiwillige oder nichtverursachte Bewegung ausgeschlossen sein soll. Ein solcher Ausspruch hat noch nichts
mit etwaigen Arbeitsbeträgen zu tun und ist offenbar noch
zu inhaltsarm, um für alle Zwecke zu dienen. Erst wenn
man weiter fragt, wodurch denn eine Bewegung im allgemeinen bewirkt wird, so gibt die heutige Wissenschaft darauf
die Antwort, daß hierfür notwendig Arbeit aufgewendet werden
muß. Daß also von selbst keine Bewegung entstehen kann,
ist eine Folge des Satzes, daß von selbst keine Arbeit entstehen kann. Erst in dieser tieferen Fassung ermöglicht uns
der Satz das Verständnis des Unterschiedes, der zwischen den
himmlischen und den irdischen Bewegungen besteht. Alle
irdischen Bewegungen sind mit der Überwindung von Wider-
ständen von der Art der Reibung verbunden, und diese Überwindung erfordert notwendig Arbeit. Somit muß eine jede
irdische Bewegung aufhören, wenn ihr die so verbrauchte
Arbeit nicht irgendwie ersetzt wird, da gemäß jenem allgemeinen Satze die Arbeit nicht aus nichts entstehen kann.
Bei den himmlischen Bewegungen sind dagegen meßbare
Reibungen nicht vorhanden und daher hören sie auch nicht auf.

Der Wortbedeutung nach ist also der Satz, daß ein „Perpetuum mobile" oder etwas, was sich dauernd bewegt,
unmöglich sei, erfahrungsmäßig falsch. Denn wenn wir auch
aus theoretischen Gründen für gewisse astronomische Bewegungen (z. B. für die Drehung der Erde um ihre Achse
wegen der Flutreibung) eine Verlangsamung annehmen, so
ist eine solche doch noch nicht nachgewiesen, und es ist nicht
ausgeschlossen, daß sie durch irgend welche noch nicht erkannte Ursachen überhaupt nicht stattfindet. Erfahrungs-

mäßig richtig aber ist der Satz in bezug auf die Arbeit: ein
Fall, in welchem Arbeit aus nichts, d. h. ohne irgend welche
Veränderung anderer Dinge entstände, ist wirklich bisher noch
nicht beobachtet worden.

12. Um dieses Prinzip auf die einfachen und zusammengesetzten Maschinen anzuwenden, müssen einige Voraussetzungen über den Begriff einer Maschine festgestellt werden.
Wir beschränken uns wie immer auf die einfachsten Fälle.

Eine einfache Maschine ist in der Regel zwangläufig,
d. h. sie kann sich nur in einer bestimmten Bahn vor- oder
rückwärts bewegen, und wenn einer ihrer beweglichen Punkte
festgehalten wird, so bleibt dadurch die ganze Maschine stehen.
Ferner sind die möglichen Bewegungen der Maschine stetig,
d. h. es finden unvermittelte Sprünge oder Verschiedenheiten
weder in der Größe noch in der Richtung der Bewegung statt.
Für solche Maschinen gelten folgende Sätze.

Ist die Maschine nicht im Gleichgewicht, d. h. setzt sie
sich freiwillig in Bewegung, so kann dies nur so geschehen,
daß sie Arbeit nach außen abgibt. Hierdurch vermindert
sich die Arbeit, die in der Maschine befindlich ist, um den
Betrag, der nach außen tritt. Daß diese Beträge gleich sind,
ist eine Folge des Satzes, daß die Arbeit nicht aus nichts
entsteht. Im umgekehrten Sinne kann sich dagegen die
Maschine freiwillig nicht in Bewegung setzen. Denn hierbei
müßte sie ihren Gehalt an Arbeit vermehren, und da in der
Voraussetzung der Freiwilligkeit die Voraussetzung enthalten ist, daß ihr von außen keine Arbeit zugeführt
wird, so würde dadurch eine Entstehung von Arbeit gefordert werden, die nach unserem Prinzip ausgeschlossen ist.

Ändert man nun die Beschaffenheit oder Beladung der
Maschine mehr und mehr in solchem Sinne, daß die bei der
freiwilligen Bewegung abgegebene Arbeit kleiner und kleiner
für den gleichen Betrag der Bewegung wird, so wird auch
die Arbeit, welche erforderlich wäre, um die Maschine im
umgekehrten Sinne in Bewegung zu setzen, zunehmend
kleiner, und wird schließlich die eine Arbeit gleich Null, so
wird es unter den gleichen Bedingungen auch die andere.

Dies ist nun der Zustand, den man das Gleichgewicht nennt. Jetzt ist keine Ursache vorhanden, durch welche sich die Maschine im einen oder im anderen Sinne selbst in Bewegung setzen könnte; daher bleibt sie eben in Ruhe. Gleichzeitig begreift man, wieso dieser Gleichgewichtszustand an die Bedingung geknüpft ist, daß bei einer virtuellen Bewegung keine Arbeit geleistet wird. Die bei der virtuellen Bewegung etwa geleistete Arbeit ist ja die Ursache, daß eine solche Bewegung freiwillig eintritt; solange also die virtuelle Arbeit einen von Null verschiedenen Wert hat, muß auch die entsprechende Bewegung eintreten und es kann nur Ruhe geben, wenn die virtuelle Arbeit gerade Null wird.

13. Wir sehen, daß auch bei dieser Überlegung es notwendig geworden ist, auf den Begriff der Arbeit zurückzugehen, um eine zutreffende Formulierung der Gleichgewichtsbedingung zu finden. Dieser Begriff kennzeichnet sich dadurch den vielen anderen in der Mechanik benutzten Begriffen gegenüber als einer von ganz besonderen Eigenschaften und entsprechend großer Bedeutung. Diese Bedeutung wird schon jetzt einigermaßen verständlich werden, wenn wir betonen, daß die Arbeit eine der verschiedenen Arten der Energie ist. Und zwar ist sie die Energieart, welche am ersten ihrer Gesetzmäßigkeit nach erkannt worden ist und welche daher als Führer und Muster für die Entwicklung dieses Begriffes in seinen anderen Gebieten gedient hat. Darum sei nochmals wiederholt, daß die Arbeit durch das Produkt aus einer Kraft und dem von ihrem Angriffspunkt zurückgelegten Weg gemessen wird. Eine Kraft hat eine bestimmte Richtung; liegt der eben erwähnte Weg nicht in dieser Richtung, so kommt für die Berechnung der Arbeit nur der dieser Richtung entsprechende Teil des Weges in Betracht, den man findet, indem man den Weg auf die Richtung der Kraft projiziert.

Fassen wir die Ergebnisse dieser Betrachtungen zusammen, so können wir sie in der Gestalt des Gesetzes von der Erhaltung der Arbeit aussprechen. Aus keiner Maschine, sie sei gebaut wie sie wolle, erhält man mehr Arbeit, als man in sie hineingesteckt hat. Beschränkt man sich auf den theoretischen Grenzfall, in welchem kein Arbeitsverbrauch durch Reibung stattfindet, so kann man sagen, daß in den Maschinen sich die Arbeit trotz ihrer Umwandlung der Form und Richtung nach, ihren Wert beibehäl toder sich erhält. Unter dieser Voraussetzung gilt also ein allgemeines Naturgesetz, das Gesetz von der Erhaltung der Arbeit. Der Wert dieses Gesetzes liegt darin, daß man damit das Verhalten einer jeden Maschine bezüglich ihrer Kraftleistungen voraussagen kann, wenn man die entsprechenden Wege bestimmt, oder umgekehrt.

Auch wird es sich für spätere Betrachtungen als zweckmäßig erweisen, hier einen neuen Namen einzuführen, mit dem wir später ähnliche Verhältnisse kurz ausdrücken können. Obwohl man nämlich mittels der Maschinen die Kräfte und Wege mechanischer Leistungen beliebig verändern kann, so kann man doch nicht die Arbeit verändern. Die Arbeit ist also unveränderlich oder invariant, und daher nennt man die Arbeit, d. h. das Produkt aus Kraft und Weg, eine Invariante für alle Beziehungen, die durch mechanische Maschinen gegeben werden können.

Drittes Kapitel. Die Dynamik.

14. Als wichtigster und fruchtbarster Begriff, zu welchem die Entwicklung der Statik oder der Lehre vom Gleichgewicht geführt hat, ist der der Arbeit zutage getreten. Während nämlich die mannigfaltigen Maschinen die Aufgabe haben, gegebene Kräfte in beliebiger Weise umzuformen, wobei je nach der Beschaffenheit der Maschine eine kleine Kraft in eine große verwandelt werden kann oder umgekehrt, so besteht für alle Maschinen der Satz, daß die Arbeit auf keine Weise vergrößert werden kann. Die tatsächlich bestehenden Maschinen haben sogar allgemein die Eigenschaft, daß sie weniger Arbeit ausgeben, als in sie hineingesteckt wird. Aber dieser Verlust beruht auf ihrer Unvollkommenheit, die

ihrerseits mehr und mehr verkleinert werden kann, so daß
beide Werte, die hineingebrachte und die heraustretende Arbeit
einander mehr und mehr angenähert werden können. Wie
in aller Wissenschaft vereinfachen wir uns zunächst die Aufgabe, indem wir von diesen veränderlichen Störungen absehen
und feststellen, wie sich ideale Maschinen verhalten würden,
an denen sie überhaupt nicht mehr vorhanden sind. Natürlich
ist dieser Verzicht der Wissenschaft auf die Betrachtung von
Verhältnissen, die doch wirklich vorhanden sind, nur ein
vorläufiger, und es bleibt vorbehalten, nach Erledigung
der allgemeinen Verhältnisse auch auf diese besonderen näher
einzugehen. Diesen Vorbehalt wollen auch wir machen, und
wir werden sehen, daß aus dieser zweiten Stufe der Untersuchung uns noch viel allgemeinere und wichtigere Erkenntnisse erwachsen werden.

    In der Arbeit haben wir, wie bereits erwähnt wurde,
eine erste Form der Energie kennen gelernt. Das Gesetz
von der Erhaltung der Arbeit, welches sich als Gesamtergebnis
der Statik herausgestellt hat, ist gleichzeitig das Vorbild
der mehr und mehr allgemeinen Gesetze, die uns die weitere
Wanderung durch die Gebiete des physischen Geschehens auf-
decken wird, und welche wir in dem allgemeinen Gesetze
von der Erhaltung der Energie zusammenfassen werden.
Diese Verallgemeinerung wird gleichzeitig das Mittel sein,
die Begrenzungen, welche dem Gesetz von der Erhaltung der
Arbeit noch anhaften, zu beseitigen und es nicht nur umfassender, sondern auch strenger zu machen. Die erste Stufe
auf diesem Wege ergibt die Entwicklungsgeschichte der
Dynamik.

    15. Gewöhnlich unterscheidet man die Dynamik als die
Lehre von den Bewegungen von der Statik als der Lehre vom
Gleichgewicht. Wir haben bereits bei der Statik gesehen,
daß das Gleichgewicht nur eine Sondererscheinung des ganzen
Gebietes war, und daß das allgemeinste Naturgesetz, das wir
dort antrafen, eine Aussage nicht über die Ruhe, sondern gerade über die Arbeit macht. Erst wenn wir wissen, wie es
mit den Arbeiten steht, können wir die Bedingungen der Ruhe

aussprechen. Und da alle Arbeit mit entsprechenden Bewegungen begrifflich verbunden ist, so ist die Statik in einem bestimmten Sinne gleichfalls eine Bewegungslehre. So definieren wir besser die Statik als die Wissenschaft von der Energieform, welche man Arbeit nennt, und haben sachgemäß zu fragen, ob für die Dynamik vielleicht eine ähnliche Definition vorhanden ist.

Die Antwort lautet bejahend. Auch für dieses zweite Gebiet der Mechanik wird sich als Zentralbegriff eine bestimmte Energieart herausstellen, welche wir die Bewegungsenergie nennen werden. Sie hat, ebenso wie der Arbeitsbegriff seinerseits, im Laufe der geschichtlichen Entwicklung mancherlei Namen gehabt, von denen der von Leibniz herrührende lebendige Kraft und der gegenwärtig noch viel gebräuchliche, von Rankine geschaffene kinetische Energie genannt werden mögen. Wichtiger als der Name ist das Wesen und die Beschaffenheit dieses neuen Dinges, und diese wollen wir gleichfalls an der Hand der Geschichte kennen zu lernen versuchen.

16. Als Begründer der Dynamik haben wir Galilei anzusehen, dem wir die erste richtige Formulierung eines dynamischen Vorganges, nämlich des Falles der schweren Körper in der Erdnähe verdanken. Bis zu seiner Zeit waren höchst irrtümliche Auffassungen dieser alltäglichen Erscheinung im Schwange gewesen, die sich formal auf Aristoteles zurückführen lassen, wenn dieser auch vermutlich ganz unschuldig an dem Mißbrauch seines Gedankens ist. Wir haben nämlich gesehen, daß er aus den Verhältnissen am Hebel den Schluß gezogen hat, daß beim Gleichgewicht die in gleicher Zeit zurückgelegten Wege, also die Geschwindigkeiten, sich umgekehrt verhalten wie die Lasten. Daraus folgt weiter, daß unter dem Einflusse verschiedener Kräfte gleiche Lasten Wege zurücklegen würden, welche diesen Kräften proportional sind, und also auch entsprechende Geschwindigkeiten annehmen. Ob nun Aristoteles selbst daran Schuld gewesen ist, daß dieser für den Hebel (und andere Maschinen) gültige Schluß auf den freien Fall übertragen wurde oder ob dieser Vorwurf bloß

seinen Nachfolgern und Kommentatoren gemacht werden
muß, braucht hier nicht festgestellt zu werden; genug, daß
im ganzen Mittelalter dies als die richtige Auffassung galt.
Hiernach nahm man an, daß die schweren Körper um so
schneller fallen, je schwerer sie sind. Die bekannte, durch
den Widerstand der Luft bewirkte Verzögerung der Fallgeschwindigkeit bei sehr leichten Körpern unterstützte diesen
Irrtum bei den an exakte Beobachtung noch nicht gewöhnten
Scholastikern, und so ist es ganz erklärlich, daß er allgemein
verbreitet war.

Es ist nun höchst lehrreich und ergötzlich, wie Galilei
in seinen berühmten Gesprächen über die neue Wissenschaft
der Mechanik die Unmöglichkeit eines solchen Verhaltens
beweist. Er läßt sich zunächst zugeben, daß, wenn ein schnel-
lerer Körper mit einem langsameren verbunden wird, er alsdann dem letzteren eine schnellere Bewegung erteilt, während
umgekehrt der langsamere Körper die Geschwindigkeit der
schnelleren vermindert; hiergegen läßt sich in der Tat nichts
einwenden. Dann betrachtet er irgend einen schweren Körper,
der mit einer bestimmten Geschwindigkeit fällt. Wird dieser
in zwei ungleiche Teile geteilt, so muß jeder dieser Teile nach
dem angenommenen Gesetz langsamer fallen als der ganze
Körper, und zwar der kleinere Teil noch langsamer als der
größere. Nun verbinde man wieder beide Teile; dann muß
die Geschwindigkeit des größeren Teils noch weiter vermindert
werden, weil er mit einem langsamer fallenden Körper verbunden ist. Der ursprüngliche Körper müßte also bloß dadurch, daß er geteilt und dann wieder vereinigt worden ist,
wobei sein Gewicht offenbar ganz unverändert geblieben war,
eine zweifache Verminderung seiner Fallgeschwindigkeit gegenüber seinem früheren Zustande erfahren haben. Dies ist
nicht nur absurd, sondern widerspricht der gemachten Voraussetzung selbst, daß der schwerere Körper schneller fällt
als der leichtere. Denn durch die Verbindung der beiden
Körper, wodurch der Gesamtkörper schwerer geworden ist
als der Teil, sollte doch eine Verminderung der Geschwindigkeit hervorgebracht werden.

Es ist in hohem Maße lohnend, sich in diesen glänzenden Beweisgang zu vertiefen, und sich klar zu machen, wo die Unmöglichkeiten der scholastischen Lehre vom freien Fall begründet liegen. Wir haben uns indessen den positiven Leistungen Galileis zuzuwenden.

17. Galilei fand den Schlüssel zu dem Problem, indem er die einzelnen Anteile oder Geschehnisse der aufzuklärenden Erscheinung auseinanderlegte und einer gedanklichen Analyse und Synthese unterwarf. Zunächst ging er von der Tatsache aus, daß die himmlischen Bewegungen, die ungestört verlaufen, ihre Geschwindigkeit unbegrenzt lange beibehalten. So mußte er auch für den freien Fall annehmen, daß die einmal von dem fallenden Körper erworbenen Geschwindigkeiten diesem verbleiben, während er im Verlaufe seines weiteren Falles beschäftigt ist, neue Geschwindigkeiten aufzunehmen. So muß seine Geschwindigkeit beständig zunehmen, und die einfachste und nächstliegende Annahme ist, daß diese Zunahme proportional der inzwischen verflossenen Zeit erfolgt. Wie sich aus dieser Annahme weiter ergibt, daß die in den aufeinanderfolgenden gleichlangen Zeiten durchfallenen Räume wie die Reihe der ungeraden Zahlen zunehmen, und daß die gesamten Fallräume sich verhalten wie die Quadrate der verflossenen Zeiten, findet sich in jedem Lehrbuche der Physik auseinandergesetzt und braucht uns hier nicht zu beschäftigen. Es genügt die Mitteilung, daß diese Annahme tatsächlich überall zu Schlüssen führt, die mit der Erfahrung übereinstimmen, und daß damit die Theorie der Fallerscheinungen tatsächlich gegeben ist.

Doch ist es vielleicht gut zu bemerken, daß jene richtige Annahme, auf welche Galilei gelangt war, keineswegs die einzige Möglichkeit darstellt. Er hätte ebensowohl annehmen können, daß eine Proportionalität zwischen der Geschwindigkeit und den durchmessenen Fallräumen besteht, und wir wissen, daß er zunächst gerade diese Annahme gemacht hat. Doch hat er bald bemerkt, daß die Schlußfolgerungen aus dieser Annahme mit der Erfahrung nicht übereinstimmen und

daß sie somit aufgegeben werden muß[1]). Unter allen Umständen ist das Entscheidende seines Fortschrittes, daß er
die sich ihm darbietende eine Möglichkeit der Auffassung
nicht alsbald als notwendig richtig ansieht, sondern sie zunächst wie eine Frage behandelt, die er an die Natur stellt,
und auf welche diese ihm eindeutig antwortet. In dieser
Fähigkeit, bestimmte Fragen zu stellen, die durch die Erfahrung in ebenso bestimmter Weise beantwortbar sind, liegt
der vorbildliche Wert der von Galilei geschaffenen Methode.
Und wenn er auch nicht der erste ist, der sie mit Bewußtsein
und Erfolg angewendet hat, so ist er doch derjenige gewesen,
an dessen Namen sich die allgemeine Anerkennung dieses
aus „Beobachtung und Reflexion" nach dem Worte K. E.
von Baers zusammengesetzten Verfahrens knüpft.

18. Galileis Analyse führte indessen noch erheblich
weiter als bis zur Darstellung der Fallgesetze. Da seine
Hilfsmittel der Zeitmessung nicht ausreichten, um die sehr
kurzen Zeiten zu messen, während deren ein fallender
Körper die höchstens nach einigen Metern zu bemessenden
Strecken zurücklegt, die für die experimentelle Untersuchung
in Betracht kommen, so mußte er auf Mittel sinnen, die Erscheinung allseitig ins Gebiet der Meßbarkeit zurückzuführen.
Für diesen Zweck konstruierte er seine Fallrinne, die er
schwach geneigt aufstellte und in der er Kugeln herabrollen
ließ. Er nahm an, daß bei diesem Falle längs einer schiefen
Ebene sich alle Eigentümlichkeiten des freien Falles wiederholen, nur mit dem Unterschiede, daß das Tempo in einem
bestimmten, aber konstanten Verhältnisse (das durch die
Neigung der Ebene bestimmt ist) verlangsamt wird. Hierdurch war gleichsam ein Mikroskop an die zu kleine Zeit
angelegt. Diese wurde so weit vergrößert, daß sie sozusagen
mit bloßem Auge, nämlich mit Hilfe einer hierfür von Galilei
gleichzeitig konstruierten Wasseruhr gemessen werden konnte.
Die Versuche ergaben die gesuchte Prüfung und Bestätigung
seiner Theorie.

---

[1]) Über einen eigentümlichen Trugschluß Galileis hierbei vgl. Mach,
Mechanik, S. 129 u. f.

Welches Recht hatte nun Galilei, die Bewegungen des freien Falles denen auf der schiefen Ebene proportional zu setzen? Die Antwort ergibt sich aus der Antwort auf die andere Frage, warum denn überhaupt der Körper auf der schiefen Ebene langsamer fällt als im freien Zustande. Und hiermit verbindet sich eine dritte Frage. Wir erinnern uns, daß die erste Tat Galileis darin bestand, die Irrtümlichkeit der Annahme nachzuweisen, daß die Fallgeschwindigkeit mit dem Gewichte des Körpers zunimmt. Man kann ebenso nachweisen, daß die Geschwindigkeit nicht bei kleineren Körpern größer sein kann als bei schwereren; somit bleibt nur der Schluß übrig, den Galilei auch gezogen hat, daß die Geschwindigkeit vom Gewicht des Körpers überhaupt nicht abhängt und bei allen Körpern gleich ist, wie dies auch die (von Nebenumständen befreite) Erfahrung zeigt.

Nun zeigt sich aber andererseits, daß die Geschwindigkeit eines bewegten Körpers von der Kraft abhängt, mit der er bewegt wird: einen schweren Stein schleudert man langsamer als einen leichten. Andererseits ist die Kraft, welche den fallenden Körper in Bewegung setzt, bei einem schweren jedenfalls größer als bei einem leichten, denn der erstere ist viel schwerer zu heben. Es muß also daran liegen, daß diese beiden Veränderlichen sich so ausgleichen, daß sie ein konstantes Ergebnis hervorbringen. Beim schwereren Körper ist zwar die Kraft, die ihn in Bewegung setzt, größer, aber auch dasjenige an ihm, was sich der Änderung seines Zustandes widersetzt, ist entsprechend größer, und wenn beide in demselben Verhältnis größer oder kleiner sind, so können sich ihre entgegengesetzten Einflüsse gerade neutralisieren oder aufheben.

Hier also hatte die Begriffsbildung einzusetzen. Was ist das für eine Eigenschaft, welche bestimmt, wie die Geschwindigkeit ausfallen soll, wenn die Kraft gegeben ist? Sie ist jedenfalls in allen schweren Körpern vorhanden, ist aber von der Schwere selbst verschieden, denn beide lassen sich trennen. In der Fallrinne wirkt die Schwere nur mit einem Bruchteil des Betrages, den sie beim freien Fall entwickelt, während

jene Eigenschaft ihren Wert beibehält. Daher rührt ja die
Verminderung der Geschwindigkeit.

Zwei Namen sind inzwischen für diese Eigenschaft, deren
Besonderheit Galilei zuerst bemerkt hat, in Gebrauch gekommen, Trägheit und Masse. Wir halten uns an den
zweiten Namen, schon um zu betonen, daß es sich um eine
meßbare Größe handelt. Dem Namen Trägheit haftet außerdem ein zu großer Schleier moralischer Nebenbedeutungen an,
die hier nur irreführend wirken können. Masse ist also
die Eigenschaft, durch welche gemessen wird, welche
Geschwindigkeit ein Körper unter gegebenen Einflüssen annimmt, und zwar nennen wir zwei Massen
gleich, wenn die entsprechenden Körper unter den gleichen
Einflüssen gleiche Geschwindigkeiten annehmen.

Die merkwürdige Tatsache, daß verschieden schwere
Körper gleich schnell fallen, gestattet nun folgende Auffassung. Die Masse der Körper ist ihrem Gewichte proportional. Es wirken also tatsächlich verschiedene Kräfte beim
Fall auf die verschiedenen Körper ein. Diese verschiedenen
Kräfte haben aber auch verschiedene Massen in Bewegung
zu setzen, und zwar solche, die den Kräften genau proportional
sind. So entsteht das Ergebnis, daß diese verschiedenen Kräfte
doch gleiche Geschwindigkeiten hervorbringen. In der Fallrinne dagegen nimmt die Kraft auf einen Bruchteil ihres
früheren Wertes ab, während die Masse unverändert bleibt;
darum fällt der Körper hier um so viel langsamer.

19. Ich habe die begriffliche Entwicklung in diesem Falle
nicht an der Hand der Geschichte gegeben, weil sie sehr
langsam und stufenweise stattgefunden hat, so daß der
Nachweis der Anteile, die den einzelnen Forschern zukommen,
allzu umständlich für unseren nächsten Zweck ausgefallen
wäre. Dagegen ist es wohl gut, nachträglich auf die einzelnen
Stufen hinzuweisen. Galilei hatte, wie erwähnt, bereits die
Gleichheit der Fallgeschwindigkeit bei allen Körpern erkannt;
auch lag offenbar der Begriff der Trägheit oder Beharrung
in der einmal erlangten Geschwindigkeit seiner Analyse des
Fallvorganges, wie sie oben vorgeführt worden ist, zugrunde.

Dagegen hat er den Satz, daß ein einmal in Bewegung gesetzter Körper diese Bewegung dauernd beibehalten müßte,
solange er nicht durch andere Kräfte zu einer Veränderung
genötigt wird, nicht ausdrücklich ausgesprochen. Doch hat
er ihn andererseits so nahe gelegt, daß seine Nachfolger ohne
weiteres diesen Schluß gezogen haben.

Die scharfe Herausarbeitung des Massenbegriffes hatte
sich erst Newton bei seiner Formulierung der mechanischen
Grundgesetze zur Aufgabe gestellt, ohne indessen völlig zum
Ziel gelangt zu sein. Er hat zunächst genau Masse und Gewicht voneinander unterschieden und festgestellt, daß beide
einander proportional sind. Durch seine allgemeine Auffassung der Schwere als einer kosmischen Kraft, welche insbesondere die Bahnen der Planeten bewirkt, hat er als der
erste deren Veränderlichkeit mit der Lage des Ortes erkannt,
und auch erkannt, daß zwar die Schwere veränderlich ist,
nicht aber die Masse. Wenn also beide Größen auch an einer
gegebenen Stelle einander genau proportional sind, so ist der
Proportionalitätsfaktor doch mit dem Orte selbst veränderlich.
Ferner hat Newton ausdrücklich experimentell festgestellt,
daß dieser Faktor nicht von der chemischen Natur der Körper
abhängt, daß also gleiche Gewichte der verschiedenartigsten
Körper, vom Wasser bis zum Golde, auch die gleiche Masse
besitzen. Zu diesem Nachweise verwendete er das Pendel,
indem er experimentell zeigte, daß ein aus einem Faden und
einer Kugel zusammengesetztes Pendel genau die gleiche
Schwingungsdauer besaß, gleichgültig, aus welchem Stoffe
die Kugel gemacht war. Er hat sich sogar die Frage gestellt,
ob nicht vielleicht das Leben auf jenes Verhältnis einen
Einfluß haben könnte; er füllte deshalb eine Hohlkugel mit
Getreidekörnern und ließ sie schwingen; auch dieses Pendel
zeigte dieselbe Schwingungsdauer.

20. Vielleicht ist mancher Leser geneigt, über dies letzte
Experiment zu lächeln, da es doch „selbstverständlich" nichts
ausmachen könne, ob die Masse der Pendelkugel aus keimfähiger oder nicht keimfähiger Substanz besteht. Indessen,
was ist selbstverständlich? Dies sind solche Annahmen, über

welche man nicht nachdenkt. Ob man dies aber tut, weil
man früher einmal genügend darüber nachgedacht hat, oder
ob man es tut, weil man es sich überhaupt noch nicht in den
Sinn hat kommen lassen, daß hier eine Frage gestellt werden
kann, macht einen großen Unterschied. Die meisten Selbst-
verständlichkeiten sind von der zweiten Art.

Nun haben wir bereits an früherer Stelle einmal gesehen,
wie außerordentlich viele Voraussetzungen, die man nicht
prüft, bei jedem beliebigen Versuch gemacht werden müssen.
Man muß annehmen, daß das Ergebnis des Versuches nur
von den Umständen abhängt, die man ins Auge gefaßt und
bestimmt, vielleicht auch gemessen hat, und daß alle die
zahllosen anderen Umstände, die gleichzeitig vorhanden sind,
keinen Einfluß auf das Ergebnis haben. Von vielen weiß
man es, meist auf Grund früherer Beobachtungen anderer.
Aber wir kennen ja nicht einmal ausdrücklich alle begleiten-
den Umstände; so sind uns z. B. die elektrischen Zustände
der Atmosphäre fast niemals bekannt. Und so müssen wir
immer mit der Möglichkeit rechnen, daß sich in unseren Versuchen Faktoren betätigen, von denen wir gar keine Ahnung
haben.

Daher muß es in einem jeden Falle als ein wesentlicher
Fortschritt anerkannt werden, wenn wieder durch ein ge-
naues Experiment nachgewiesen wird, daß ein bestimmter
Faktor ohne Einfluß auf eine Erscheinungsgruppe ist. Der
Einwand, daß wir uns in dem von Newton untersuchten Falle
doch gar nicht denken könnten, daß ein solcher Einfluß
möglich sei, bedeutet gar nichts. Alle die neuen Verhältnisse,
die von der Wissenschaft im Laufe der Zeit ans Licht gebracht worden sind, haben sich die Menschen vorher nicht
denken können. Der wahre und selbständige Denker zeigt
sich aber gerade darin, daß er unabhängig von solchen populären Meinungen denkt, daß er, um es drastisch zu sagen,
keine Scheu vor dem Absurden hat, d. h. vor dem, was
die gemeine Meinung absurd nennt. Ein Scherzwort der
Fliegenden Blätter definiert den Professor als einen Mann,
welcher anderer Meinung ist. Dies soll zunächst die

Streitsucht treffen, die unter den Gelehrten so verbreitet ist. Es trifft aber auch den eigentlichen Beruf des Gelehrten, von dem die Streitsucht nur ein Zerrbild ist. Der Forscher soll nichts als selbstverständlich hinnehmen; er soll sich jeder gemachten Annahme gegenüber fragen, welche Gründe ihn denn zu seiner Annahme berechtigen. Natürlich würde die vollkommene Durchführung dieser Aufgabe menschliche Kräfte überschreiten. Aber von Zeit zu Zeit überzeugt uns wieder eine überraschende Entdeckung, wie schlecht begründet die selbstverständlichsten unserer Anschauungen sind. Allerdings werden derartige Entdeckungen nur von solchen Männern gemacht, die auch das Selbstverständliche für prüfungsbedürftig halten.

Wenn also Newton gefunden hat, daß das Vorhandensein des Lebens in schweren Körpern auf das Verhältnis zwischen Gewicht und Masse keinen Einfluß hat, so hat er damit eine Tatsache konstatiert, über die vorher niemand etwas gewußt hat, und hat das Gesetz, daß kein bekannter Umstand dies Verhältnis an einem gegebenen Orte beeinflußt, auf einen noch größeren Geltungsbereich ausgedehnt, als es vorher besaß.

21. Mußte in dieser Beziehung das Verfahren Newtons als hervorragend wissenschaftlich bezeichnet werden, so gilt dies nicht von seinem Versuch, den Begriff der Masse endgültig zu definieren. Er bezeichnet sie als das Produkt von Volum und Dichte, gibt aber nicht an, wie die Dichte unabhängig zu messen ist. Tatsächlich ist die Dichte in dem hier gemeinten Sinne nur das Verhältnis der Masse zum Volum, so daß die Bestimmung im Kreise läuft. Auch seine außerdem aufgestellte und bis auf den heutigen Tag in Geltung gebliebene Definition der Masse als der Menge der Materie ist ebenso unzulänglich, weil wieder die Anweisung fehlt, wie man diese Menge bestimmen soll. Es ist daher nötig, den Begriff der Masse im engsten Anschlusse an die oben gegebene Beschreibung dieser Größe, daß sie nämlich durch die Geschwindigkeit bestimmt wird, welche der Körper unter bekannten Einflüssen annimmt, zu entwickeln. Hierzu müssen

wir uns aber erst mit einer anderen Gedankenrichtung in der Dynamik bekannt machen, welche uns zu dem Begriffe führt, welcher dem statischen Begriff der Arbeit entspricht und der hier den gleichen Rang einnimmt wie der Begriff der Arbeit in der Statik. Dies ist der Begriff der lebendigen Kraft.

22. Um zunächst Klarheit darüber zu haben, um was es sich handelt, erinnern wir uns einerseits der Tatsache, daß die Arbeit oder das Produkt von Kraft und Weg einem Erhaltungsgesetze unterliegt, insofern sie durch Maschinen zwar auf andere Werte von Kraft und Weg transformiert werden kann, ihren Betrag aber unter allen Umständen bei- behält. Andererseits erinnern wir uns, daß durch Galileis Analyse des freien Falles sich ergeben hatte, daß die erlangten Geschwindigkeiten zwar der Zeit proportional zunehmen, mit den durchfallenen Höhen aber in dem Verhältnis stehen, daß die Quadrate der Zeiten und somit auch die Quadrate der erlangten Geschwindigkeiten diesen Höhen pro- portional sind. Ferner hatte Galilei festgestellt, daß, wenn der Fall nicht frei, sondern auf einer schiefen Ebene von irgend welcher Neigung erfolgt, die erlangte Geschwindigkeit nicht etwa von der Länge der schiefen Ebene abhängt, sondern nur von ihrer Höhe. Der Körper erlangt genau die gleiche Geschwindigkeit, ob er unmittelbar die ganze Höhe im freien Falle zurücklegt, oder ob er auf einer beliebig geneigten Ebene fällt, wenn nur der Höhenunterschied zwischen deren Anfang und Ende dem Höhenunterschiede des freien Falles gleich ist. Für die erlangte Geschwindigkeit kommt mit anderen Worten nur die Höhe in Betracht, durch welche der Körper fällt, nicht aber der besondere Weg, auf dem er von dem höchsten Punkte zu dem niedrigsten gelangt.

Andererseits ist, wenn der Körper die Höhe durchfallen hat, die Arbeit verbraucht, die er auf diesem Wege leisten könnte, wenn er ein Glied irgendeiner Maschine wäre, ohne daß doch eine andere Arbeit, von gleichem Betrage wie bei den Maschinen, zutage getreten wäre. Ist dies also ein Fall, wo das Gesetz von der Erhaltung der Arbeit ungültig wird?

In seiner früheren Fassung gewiß, denn die Arbeit ist ver-
schwunden und andere Arbeit nicht nachweisbar. Aber ist
denn im übrigen alles beim alten geblieben? Der einzige
Unterschied, welchen wir finden können, ist der, daß die
herabgefallene Masse eine gewisse Geschwindigkeit angenommen hat, deren Quadrat, wie wir eben gesehen haben,
der Fallhöhe proportional ist. Und diese Geschwindigkeit,
oder etwas, was mit ihr eng zusammenhängt, kann in gewissem Sinne als gleichwertig jener Arbeit angesehen werden.
Denn wenn man den Versuch so einrichtet, daß die erlangte
Geschwindigkeit dazu benutzt wird, um den gefallenen Körper
wieder zu erheben, so ergibt sich, daß er genau zu derselben
Höhe ansteigt, von der er gefallen ist.

23. Am einfachsten führt man diesen Versuch am Pendel
aus. Allerdings beschreibt der Körper hierbei keine schiefe
Ebene, sondern eine Kreisbahn, die man geometrisch als aus
unzähligen schiefen Ebenen von beständig wechselnder Neigung
bestehend ansehen kann. Da aber bereits durch Galilei
festgestellt worden war, daß es für die erlangte Geschwindigkeit nur auf den Höhenunterschied, nicht aber auf die Neigung
der schiefen Ebene ankommt, so ist dies kein Hindernis für
unsere Betrachtung, die sich eben auf die erlangte Geschwindigkeit bezieht. Wenn also der Körper des Pendels
von einer bestimmten Höhe fällt, so nimmt seine Höhe über
der Erde beständig ab; gleichzeitig nimmt seine Geschwindigkeit zu, und wenn er an seinem niedrigsten Punkte angelangt
ist, so ist die Geschwindigkeit am größten. Von dort ab erhebt
sich der Körper wieder, er nimmt also Arbeit auf, ebenso wie
er vorher beim Falle Arbeit verloren hatte, und dabei nimmt
seine Geschwindigkeit wieder ab, bis sie Null geworden ist.
Alsdann befindet er sich auf der gleichen Höhe, wie beim
Beginn seiner Bewegung und die ganze Reihe von Vorgängen
vollzieht sich von neuem nach der anderen Seite.

Wir sind also berechtigt, diese wechselnden Vorgänge so
aufzufassen, daß die ursprünglich im gehobenen Pendel be-
findliche Arbeit in etwas anderes umgewandelt wird, was keine
Arbeit ist, wohl aber sich wieder in Arbeit verwandeln kann.

Und zwar wird hierbei gerade derselbe Betrag an Arbeit wieder-
erhalten, der verbraucht worden war, um dieses neue Etwas
herzustellen. Dieses Etwas hängt jedenfalls mit der erlangten
Geschwindigkeit eng zusammen, aber es ist nicht dieser Geschwindigkeit selbst, sondern ihrem Quadrate proportional.
Da es entsteht, indem ein entsprechender Betrag an Arbeit
verschwindet, so ist es von gleicher Natur wie diese. Wir
sind also gemäß der früher festgestellten Bezeichnungsweise
berechtigt, dieses neue Etwas gleichfalls Energie zu nennen,
und daß es von der Bewegung der Masse abhängig ist, so
nennen wir es Bewegungsenergie. Allerdings hat es sehr
lange Zeit gedauert, bis diese kurz geschilderte Entwicklung
durchmessen war.

24. Der Mann, dem wir diese wichtige Wendung in der
Entwicklung der Dynamik zunächst verdanken, ist Christian
Huyghens. Nachdem Galilei die Theorie des einfachen
aus einem Faden und einem punktförmig gedachten Gewicht
bestehenden Pendels entwickelt hatte, stellte sich Huyghens
die unverhältnismäßig schwierigere Aufgabe, die Theorie des
wirklichen Pendels zu finden, welches aus einer beliebigen,
auch unbegrenzten Anzahl schwerer Punkte besteht, die miteinander starr verbunden sind und um eine bestimmte Achse
schwingen. Es ist hier nicht der Ort, die scharfsinnigen
Schlüsse wiederzugeben, durch welche Huyghens die Aufgabe löst; wichtig ist dagegen, das Prinzip kennen zu lernen,
welches er dafür benutzte. Es ist das Prinzip, daß keinenfalls
das Pendel, nachdem es durch die Ruhelage geschwungen ist,
auf der anderen Seite höher steigen kann, als es ursprünglich
gehoben worden war. Das ist offenbar ein Gedanke, der
ganz ähnlich dem Grundgedanken von der Erhaltung der
Arbeit ist, nur daß es hier sich nicht mehr um Arbeit allein
handelt, sondern um etwas Neues, was mit dem Fall und der
entsprechenden Geschwindigkeit verbunden ist, welche die
fallende Masse angenommen hat. Tatsächlich hat die weitere
Entwicklung dieses Prinzips von Huyghens zu einem weiteren
Erhaltungsgesetze geführt, dem Gesetze von der Erhaltung
der lebendigen Kraft.

25. Von den verschiedenen Forschern, die sich an dieser Entwicklung beteiligt haben, ist am tiefsten in das Wesen der Sache Leibniz eingedrungen. Er war mit Descartes in einen Streit darüber geraten, durch welchen Ausdruck man am besten die Wirkung der Kräfte messen könne. Wenn eine Masse durch die Wirkung einer Arbeit eine Geschwindigkeit annimmt, so kann man sowohl das Produkt aus der Masse mit der Geschwindigkeit bilden, wie das der Masse mit dem Quadrat der Geschwindigkeit. Beide sind, ein jedes in seiner Art, ein Maß der Kraft, denn wenn verschiedene Kräfte auf die Masse während gleicher Zeiten wirken, so ist das erste Produkt (Masse $\times$ Geschwindigkeit) der Kraft proportional. Haben aber die verschiedenen Kräfte über gleiche Räume gewirkt, so sind die Quadrate der Geschwindigkeiten den Kräften proportional. Scheinbar sind also beide Arten der Kraftmessung gleichwertig, da es willkürlich ist, welche Form des Vergleichs man wählt. Beachten wir indessen, daß nur das Produkt aus Kraft und Weg die bestimmte Bedeutung der Arbeit hat, während das Produkt aus Kraft und Zeit sonst in der Mechanik keine besondere Rolle spielt, weil es keine ausgezeichneten Eigenschaften etwa ähnlich dem Erhaltungsgesetz bei der Arbeit hat, so wird man bereits vermuten dürfen, daß der zugehörige dynamische Wert, das Produkt aus der Masse und dem Quadrat der Geschwindigkeit, gleichfalls besonders auffallende Eigenschaften aufweisen wird.

Dies ist nun in der Tat der Grund, den Leibniz für seine Methode der Kraftmessung ins Feld führt. In einem Briefe an de l'Hospital vom 15. Januar 1696 äußert er sich über seinen Streit mit Descartes in folgenden Worten:

„Sie sehen, daß der Satz von der Gleichheit der Ursache und Wirkung, d. h. die Ausschließung eines mechanischen Perpetuum mobile, meiner Schätzung der Kraft zugrunde liegt. Diese erhält sich demgemäß in unwandelbarer Identität, d. h. es erhält sich immer das Quantum, das zur Hervorbringung einer bestimmten Wirkung, zur Erhebung eines Gewichtes auf eine bestimmte Höhe, zur Spannung einer Feder, zur

Mitteilung einer bestimmten Geschwindigkeit erforderlich ist, ohne daß in der Gesamtwirkung das geringste gewonnen werden oder verloren gehen kann, wenngleich allerdings oft ein Teil von ihr, den man niemals in Rechnung zu ziehen vergessen darf, durch die nicht mehr wahrnehmbaren Teile des Körpers selbst oder durch seine Umgebung absorbiert wird. Dafür dagegen, daß sich die Bewegungsquantität (das Produkt aus Masse und Geschwindigkeit) in der Natur erhalten muß, gibt es keinen Beweis. Bei den Körpern, welche wir in der Natur beobachten können, widerspricht dem die Erfahrung und die Vernunft gibt uns keine Veranlassung, eine solche Erhaltung in den unwahrnehmbaren Teilen der Materie auszunehmen, bei denen wir doch stets im Verhältnis dieselben Wirkungen, wie bei den sichtbaren sinnlichen Körpern voraussetzen müssen. Was aber diese angeht, so gründet sich meine Anschauung hier offenbar nicht auf die Erfahrungen beim Stoße, sondern auf Prinzipien, die von diesen Erfahrungen selbst Rechenschaft geben, und die imstande sind, Fälle, für die es noch keine Experimente oder Regeln gibt, zu entscheiden, und zwar einzig und allein aus dem Prinzip der Gleichheit von Ursache und Wirkung."

In seinen weiteren Darlegungen weist Leibniz noch darauf hin, daß sein Maß ein wirkliches Maß der Leistung ist, insofern diese durch die Erhebung eines schweren Körpers gemessen wird, während verschiedene Massen von gleicher Bewegungsquantität verschiedene derartige Leistungen bewirken.

26. Vergegenwärtigen wir uns die Beschaffenheit der Leistung, welche wir Leibniz verdanken, so wird sie durch den Erhaltungsgedanken gekennzeichnet. Leibniz sucht unter den vielen und mannigfaltigen Größenbegriffen, zu deren Bildung die Mechanik Anlaß gibt, nach einem von besonders ausgezeichneten Eigenschaften und sieht diese Auszeichnung darin, daß die betreffende Größe invariant ist, wie die Mathematik sich heute ausdrückt (vgl. S. 27). Das heißt, daß zwar die einzelnen Werte, durch deren Zusammensetzung die Größe bestimmt und gemessen wird, für sich veränderlich sein können, daß aber die gemeinsame Veränderung jener

Veränderlichen immer von solcher Beschaffenheit ist, daß die Hauptgröße, die Invariante, dabei konstant bleibt.

Wir haben schon bei früherer Gelegenheit erkennen können, wie wichtig die Feststellung ist, daß ein gegebener Vorgang von gewissen, allzeit vorhandenen Faktoren nicht abhängig ist. Dies bedeutet, daß wir bei der Erforschung seiner Verhältnisse nicht nötig haben, auf jene Faktoren acht zu geben. Wenn es nun gelingt, Begriffe stufenweise zu bilden, welche eine weiter und weiter gehende Unabhängigkeit von vorhandenen Faktoren aufweisen, so wird offenbar die Untersuchung derartiger Verhältnisse in ganz besonderem Maße erleichtert. Wir brauchen uns nur zu erinnern, daß für die mechanischen Maschinen der Begriff der Arbeit eine solche Invariante darstellt. Wie auch die Maschine im übrigen konstruiert sein möge: wir brauchen an ihr nur die Wege zu bestimmen, welche von der Kraft und der Last zurückgelegt werden, um auch die Kräfte berechnen zu können, die auf diesen Wegen entwickelt werden, d. h. alles zu erfahren, was für die Leistung der Maschine wesentlich ist. Oder, um den Charakter der Invariante noch deutlicher hervortreten zu lassen: rechnen wir die in die Maschine hineingebrachte Arbeit positiv und die von ihr geleistete negativ, so besagt das Gesetz von der Erhaltung der Arbeit, daß beide entgegengesetzt gleich sind, daß also ihre Summe gleich Null ist. Wie verwickelt nun auch eine Maschine sein mag und an wieviel Stellen sie Arbeit aufnehmen und ausgeben mag: ihre Arbeitsinvariante ist beständig gleich Null, und damit ist für alle denkbaren Vorgänge an der Maschine von vornherein eine Beziehung gegeben, welche sich in Gestalt einer mathematischen Gleichung darstellt und somit bestimmte Rechnungen auszuführen gestattet, die ohne Kenntnis dieser Invarianten hoffnungslos wären.

Leibniz' Entdeckung läßt sich somit dahin aussprechen, daß er auch für den Fall, daß die Maschinen nicht einfach Arbeit ausgeben und einnehmen, sondern daß auch in dem Gebilde die Arbeit für die Herstellung von Geschwindigkeiten bewegter Massen verbraucht wird, die Invariante

aufzustellen lehrte. Diese erweist sich als die Summe aus
den Arbeiten und den „lebendigen Kräften", wie
Leibniz sie nannte, oder der Bewegungsenergie, wie wir
sie weiterhin nennen wollen. Wenn das Pendel in seiner
tiefsten Lage angekommen ist, so enthält es keine Arbeit
mehr, wohl aber seinen höchsten Wert an Bewegungsenergie,
denn es hat in diesem Augenblicke seine größte Geschwindigkeit. Wenn es umgekehrt auf seinen höchsten Punkt ge-
stiegen und eben im Begriffe ist umzukehren, so hat es keine
Geschwindigkeit, also auch keine Bewegungsenergie mehr,
aber es enthält seinen höchsten Wert an Arbeit. Und in
jeder Zwischenlage enthält es beide Arten Energie, aber beide
in minderem Maße als in den äußersten Lagen, denn da
beider Summe konstant ist, so ist jeder Summand kleiner
als der Gesamtbetrag.

27. Der Leser wird hier vielleicht denken: darüber braucht
man nicht so viele Worte zu verlieren, denn es ist so einfach,
daß Leibniz sich hätte schämen müssen, nicht darauf gekommen zu sein. Nun, die Geschichte lehrt uns, daß Descartes, obwohl ihm gleichfalls der Erhaltungsgedanke nahe
lag, doch nicht auf diese einfache Sache gekommen war
und sie nicht einmal begreifen konnte oder wollte, als sie
ihm vorgelegt wurde. Wenn einmal Ordnung und Übersicht
in ein Problem hineingebracht worden ist, so sieht die Sache
immer äußerst einfach aus, denn darin beruht die Größe der
wissenschaftlichen Tat. Die Schwierigkeit liegt ja gerade
darin, solange die Materialien noch wüst durcheinander liegen,
genau die Stücke zu erkennen, durch deren Zusammen-
fügung die künftige, zurzeit noch unbekannte Einfachheit
entstehen wird. Ja, wenn man vorher wüßte, wie das Ding.
später aussehen wird, so wäre es schließlich nicht allzu schwer,
die dazu passenden Teile aufzufinden oder sogar zu formen.
Aber die Aufgabe ist doppelt unbestimmt, denn man weiß
ja nicht einmal, ob überhaupt sich mit den vorhandenen
Kenntnissen solch einfaches Gebilde wird formen lassen, und
daher noch viel weniger, wie es aussehen wird und welche
Werkstücke darin die Hauptrolle spielen werden.

Viertes Kapitel.
Das mechanische Wärmeäquivalent.

28. Wenn wir nun den nächsten wesentlichen Schritt betrachten wollen, der in dieser Angelegenheit getan worden
ist, so müssen wir einen Sprung über fast anderthalb Jahr-
hunderte machen. Und während bis dahin die Philosophen
und Mathematiker die Hauptrolle in der Entwicklung gespielt
hatten, sehen wir nunmehr Männer der angewandten Wissenschaft, Mediziner und Techniker, auf den Plan treten. Denn
es handelt sich nunmehr darum, die Begriffsbildung über
das mechanische Gebiet hinaus zu erstrecken und die
entsprechende Invariante für alle physischen Vorgänge aufzufinden.

In hypothetischer Weise hatte bereits Leibniz einen möglichen Weg hierzu angedeutet. Es konnte ihm natürlich
nicht entgangen sein, daß in vielen Fällen das Gesetz von
der Erhaltung der Arbeit und lebendigen Kraft nicht die Tatsachen darstellt, denn es gibt Fälle genug, die ihm wider-
sprechen. Wenn einfach ein Stein zur Erde fällt und dort
liegen bleibt, wo ist dann seine Bewegungsenergie geblieben?
Leibniz half sich damit, daß er annahm (vgl. S. 42), daß
die Bewegung sich den kleinsten Teilchen des Körpers mitgeteilt habe und dort der Beobachtung unzugänglich geworden
sei. Aber die hieraus sich ergebende Frage: wie kann man
denn sonst eine solche innere Bewegung erkennen und messen?
hat er nicht beantwortet. Solange aber diese Antwort aus-
steht, ist die gemachte Hypothese wertlos, denn sie sagt nicht
mehr aus, als was man schon vorher wußte: daß nämlich
die früher vorhanden gewesene Bewegungsenergie verschwun-
den ist. Oder, was dasselbe bedeutet: daß sie zwar möglicherweise noch vorhanden ist, sich aber der Beobachtung und
Kontrolle entzogen hat. Beide Fälle kann man nicht unterscheiden und Leibniz selbst hat unermüdlich den höchst
wichtigen Grundsatz gelehrt, daß man Dinge, die man
nicht unterscheiden kann, als gleich ansehen und bezeichnen muß.

29. Der erlösende Gedanke war, daß die verschwundene Bewegungsenergie als Wärme erscheint. Auch diese Betrachtung ist uns jetzt so geläufig, daß es uns große Mühe kostet, die umwälzende Beschaffenheit eines solchen Einfalles überhaupt nachzufühlen. Aber die geschichtliche Tatsache, daß es mehrere Jahrzehnte gewährt hat, bis dieser Gedanke, nachdem er nicht nur einmal, sondern wiederholt und von den verschiedensten Seiten ausgesprochen worden war, überhaupt von dem durchschnittlichen Naturforscher, d. h. von den damals „führenden Männern der Wissenschaft", verstanden und aufgenommen worden war, ist uns ein bleibender Beweis dafür, daß er doch nicht so offen zutage lag, wie es uns jetzt erscheint. Gerade der Umstand, daß der Gedanke in so kurzer Zeit den Entwicklungsgang von einer Absurdität zu einer Selbstverständlichkeit durchgemacht hat, den jeder bahnbrechende Gedanke durchmessen muß, ist ein Beweis von seiner Größe und Bedeutung, derzufolge er tatsächlich in jedem Gebiet des Naturerkennens seine Gewalt betätigt.

Auch bei diesem Gedanken lassen sich allerlei Vorahnungen erkennen und nachweisen, die man indessen eben nur als solche auffassen und bewerten muß. Denn es fehlt ihnen allen das wesentliche Moment, der exakte, zahlenmäßige Ausdruck der gesuchten Beziehung. So können wir über diese verstreuten und gelegentlichen Bemerkungen fortgehen und uns dem Manne zuwenden, welcher zuerst in klarer und unzweideutiger Weise den entscheidenden Gedanken ausspricht. Es geschah dies im Jahre 1842 durch den praktischen Arzt Julius Robert Mayer von Heilbronn.

30. Mayer war im Jahre 1814 als Sohn eines Apothekers in Heilbronn geboren und hatte seine medizinischen Studien mit dem üblichen Erfolge an seiner heimischen Universität Tübingen gemacht. Dann war er nach München und Paris gegangen, um seiner wissenschaftlichen Bildung eine etwas ausgedehntere Beschaffenheit zu geben, und hatte schließlich eine Stellung als Schiffsarzt auf einem holländischen Segelschiff angenommen, das nach Westindien ging. Auf die lange,

einsame Fahrt nahm er die Gedanken mit, die ihn, wie aus
seinen Jugendbriefen hervorgeht, bereits seit seinen Knaben-
jahren im Kopfe herumgingen, wo er vergeblich ein Perpetuum mobile zu bauen versucht hatte. Nun nahmen sie,
entsprechend seiner praktischen Beschäftigung, eine medizi-
nische Färbung an.

Bei gelegentlichen Aderlässen an der Mannschaft seines
Schiffes war ihm aufgefallen, wieviel röter das Blut aus den
Venen floß, seitdem das Schiff sich unter den Tropen befand.
Wie bekannt, befördern die Venen das verbrauchte Blut in
den Kreislauf zurück, in welchem es innerhalb der Lungen
von neuem mit dem Sauerstoff der Luft versehen wird, dessen
Anwesenheit für die physiologische Verbrennung der Nahrungsmittel im Körper notwendig ist. Von Lavoisier war längst
nachgewiesen worden, daß die Wärme des menschlichen und
tierischen Körpers von dieser Verbrennung herrührt, und so
lag der Schluß sehr nahe, daß infolge der größeren äußeren
Wärme unter den Tropen der Körper entsprechend weniger
geheizt zu werden braucht, um seine konstante Temperatur
zu erhalten und daß somit das Venenblut noch einen Anteil
unverbrauchten Sauerstoffs enthält, der ihm die rötere Farbe
gibt.

So weit war alles in bester Ordnung und ein gewöhnlicher
Mensch hätte sich damit begnügt und sich dem Genusse der
Reize der Tropenlandschaft hingegeben. Aber nun erhoben
sich die alten Gedanken über das Perpetuum mobile. Der
Mensch entwickelt nicht nur Wärme, sondern er kann auch
mechanische Arbeit leisten, und diese läßt sich, wie die tägliche Erfahrung lehrt, wieder zur Erzeugung von Wärme benutzen. Wie liegen die Sachen nun, wenn der Mensch neben
seiner Wärmeentwicklung noch Arbeit ausgibt? Bleibt die
Wärmeentwicklung dieselbe und ist die Arbeit nur sozusagen ein Nebenprodukt der Arbeit? Gesetzt, ein Mensch
arbeite eine Stunde lang an einer Maschine, in welcher alle
Arbeit zur Erlangung von Wärme, etwa durch Reibung, benutzt wird. Dann wird am Ende der Stunde nicht nur die
Wärme erzeugt sein, die der Mensch auch sonst entwickelt,

sondern auch die, die in der Maschine entstanden ist. Wäre diese ein bloßes Nebenprodukt, so wäre die Wärme aus nichts entstanden und ebenso die Arbeit, d. h. das Perpetuum mobile wäre da, vermittelt durch den lebenden Körper. Warum nicht? Das Leben ist ja ohnedies eine so wunderbare Sache! Aber wie müßten die Dinge liegen, wenn wir auf diesen Ausweg der Trägheit verzichteten und auch für Lebewesen die Unmöglichkeit eines Perpetuum mobile behaupteten? Dann müssen wir nach einer Quelle jener Arbeit und Wärme suchen. Und diese findet sich in der wohlbekannten Tatsache, daß ein arbeitendes Pferd viel mehr Futter verbraucht als ein ruhendes. Dann wäre also auch die Arbeit des Menschen und des Pferdes nur eine andere Form desselben Dinges, das beim ruhenden Lebewesen als Wärme erscheint? Ja, wenn man das annähme, so wäre alles in Ordnung. Man müßte sich nur entschließen, zwei so grundverschiedene Dinge, wie mechanische Arbeit und Wärme als zwei Formen desselben Wesens zu betrachten. Zwar ist die Physik, wie sie auf der Universität gelehrt worden war, himmelweit von einem solchen Gedanken entfernt, aber warum sollte er nicht trotzdem wahr sein? Die Hauptsache ist doch, daß dann alles stimmt und auch die Annahme eines Perpetuum mobile unnötig wird.

31. Ich darf natürlich nicht behaupten, daß dies genau der Gedankengang Mayers gewesen ist, und daß, wenn er es gewesen ist, er sich mit dieser Kürze vollzogen hat, wie ich ihn darzustellen versucht habe. Aber es ist doch sicher[1]), daß im wesentlichen diese Reihe von Überlegungen, zweifellos oft unterbrochen durch Nebeneinfälle und Seitenpfade, die blind endeten, von ihm im Laufe seines Nachdenkens durchmessen worden ist. Die Denkarbeit, welche der einsame junge Arzt zu leisten hatte, war tatsächlich ungeheuer. Ein Zeichen dafür ist die Tatsache, daß er auch nach der Ankunft das Schiff, das wochenlang im Hafen lag, nicht verließ und kein Auge für die unerhörten und nie gesehenen Schönheiten der tropischen Landschaft hatte. Nicht nur, daß ihm die

---

[1]) J. R. Mayer, Die Mechanik der Wärme, S. 250.

zeitgenössische Wissenschaft keinen Anhalt für die Durchführung seines mehr geahnten als geschauten Gedankens gab:
es kam noch die traditionelle ungenügende mathematisch-
physikalische Bildung des Mediziners dazu, welche ihm halb-
verstandene und unklare Denkmittel anbot, die ihm nur Ver-
wirrung stifteten und von deren trübendem Einflusse er sich
erst nach seiner Heimkehr unter größter Mühsal durch ein
nachträgliches Studium befreien mußte. Aber schließlich trat
der entscheidende Gedanke mit Sonnenklarheit vor sein Bewußtsein und er stellte ihn in einer kurzen Abhandlung dar,
die für alle Zeiten eines der merkwürdigsten Dokumente der
Wissenschaft bleiben wird.

Ich teile weiter unten um so eher den Wortlaut dieser Abhandlung mit, als ihr Inhalt keineswegs noch derart der Geschichte angehört, daß wir alle Aufklärung, die sie gebracht
hat, bereits in Fleisch und Blut aufgenommen hätten, so daß
sie nur eine Erinnerung darstellte. Vielmehr ist zunächst nur
ein Teil der neuen Gedanken von der Menschheit allgemein
assimiliert worden; andere, nicht minder wichtige, haben erst
in unseren Tagen Wurzel gefaßt, und wer kann voraussagen,
welcher Baum dereinst noch aus ihnen erwachsen wird.

32. Diese Abhandlung ist indessen nicht die erste, in
welcher Mayer versucht hat, seinen Gedanken die mathe-
matisch-physikalische Form zu geben, welche deren Verständnis den wissenschaftlichen Zeitgenossen vermitteln sollte.
Er hatte vielmehr im Juli 1841 an Poggendorff, den Herausgeber der Annalen der Physik, durch Vermittelung der Leip-
ziger Verlagsbuchhandlung der Annalen einen Aufsatz gesandt,
mit der Bitte, ihn zu veröffentlichen oder zurückzuschicken.
Poggendorff tat keines von beiden. Es ist ein Kennzeichen
von der wissenschaftlichen Isolierung Mayers in Heilbronn,
daß er gelegentlich seinen Freund Baur in Tübingen bittet,
dort die „Annalen" nachzusehen, ob nicht etwa inzwischen
die Arbeit ohne seine Kenntnis veröffentlicht worden sei. Da
dies nicht der Fall war, schrieb Mayer Mahnbriefe an Poggendorff und erbat sich schließlich das Manuskript zurück, aber
alles ohne jeden Erfolg.

Der Vorwurf, welcher Poggendorff in diesem Falle zu
machen ist, beschränkt sich indessen nur auf den Mangel
an redaktioneller Höflichkeit, denn er hat weder geantwortet,
noch auch das Manuskript zurückgeschickt, während es ihm
doch nicht etwa zufällig verloren gegangen war, denn in
seinem Nachlasse hat es sich vorgefunden und ist zuerst durch
Fr. Zöllner veröffentlicht worden. Die Arbeit, welche Mayer
eingesendet hatte, verdient an sich durchaus eine Zurückweisung seitens einer sorgfältigen Redaktion, da sie den Keim
des richtigen Gedankens unter einer solchen Menge irrtüm-
licher und mangelhafter Auseinandersetzungen versteckt enthält, daß es eines übernatürlichen Scharfsinnes bedurft hätte,
um ihn in dieser Umgebung zu entdecken, abgesehen davon,
daß die Fernhaltung der tatsächlichen nicht geringen Fehler
in Mayers Aufsatz von der wissenschaftlichen Zeitschrift
unmittelbare Pflicht des Herausgebers war. Ja, wir dürfen
annehmen, daß gerade durch den vollständigen Mißerfolg,
den Mayer hier erfuhr, er Veranlassung gefunden hat, seinen
Gedanken nochmals neu zu formen und sich zu diesem
Zwecke erst genauer mit den Hauptsätzen der zeitgenössischen
Mechanik bekannt zu machen. Aus seinem inzwischen ver-
öffentlichten Briefwechsel mit dem Mathematiker Baur geht
hervor, daß er diesem gleichfalls zunächst seine Gedanken
in derselben Form vorgelegt hat, wie er sie Poggendorff
geschickt hatte, und daß Baur dagegen protestierte. Dann
hat eine Begegnung mit diesem und mit dem damaligen
Physikprofessor Nörremberg in Tübingen stattgefunden,
bei welcher dieser letztere gleichfalls Einwendungen gegen
Mayers Gedanken erhoben hatte. Diese Aussprache fand
gegen Ende des Jahres 1841 statt, und nach derselben wurde
die Abhandlung geschrieben, welche Aufnahme in Liebigs
Annalen gefunden hatte (S. 52), und welche nunmehr in
richtiger und reinlicher Form Mayers Hauptergebnis, die
äquivalente Umwandlung der Arbeit in Wärme, enthielt.

33. Der wesentliche Fehler jener ersten Abhandlung und
der damaligen Gesamtauffassung Mayers war die Annahme,
daß die Bewegungsenergie durch das Produkt aus Masse

und Geschwindigkeit, Galileis „Moment", die heutige Bewegungsgröße, gemessen werde. Durch diesen Mißgriff wurde Mayer zu entsprechend mißlichen Spekulationen über die Formulierung der Umwandlungsgleichung geführt. Es ist, wie man sieht, genau dieselbe Unklarheit, welche seinerzeit zu dem Kampfe zwischen Leibniz und Descartes geführt hatte. Und sogar dieselben Gründe, welche Leibniz geltend macht, daß nämlich gleichen Arbeitsgrößen, die durch Erhebung verschieden großer Lasten zu entsprechenden, den Lasten umgekehrt proportionalen Höhen gegeben sind, keineswegs gleiche Werte der beim Fall erzeugten Bewegungsgrößen entsprechen, wohl aber gleiche Werte der lebendigen Kräfte, werden von Mayer in einem späteren Briefe an Baur auf das energischste ins Feld geführt. In der Tat wäre es ja eine Verletzung seiner eigenen Grundsätze von der Erhaltung der „Kraft", wenn er ein Kraftmaß zugäbe, von dem verschiedene Beträge aus der gleichen Arbeit erhalten werden können.

Müssen wir somit schließen, daß jenes Verhalten Poggendorffs für Mayer im letzten Ende nützlich gewesen ist, da es diesen daran verhindert hat, Irrtümliches zu publizieren und dadurch die Verbreitung seiner richtigen Gedanken noch mehr zu erschweren, als es die Umstände ohnedies mit sich brachten, so fällt doch gegen Poggendorff ins Gewicht, daß er auch später die Abhandlung von Helmholtz abgelehnt hat, welche derartige Fehler nicht enthielt und durchaus und überall nicht nur auf der Höhe der damaligen Physik stand, sondern auch sehr erhebliches Neues brachte. Es handelt sich vielmehr um die Nachwehen des eben durchgeführten Kampfes gegen die Naturphilosophie vom Anfange des neunzehnten Jahrhunderts, welche der exakten Wissenschaft in Deutschland einen sehr großen Schaden zugefügt hatte. In der Furcht vor unhaltbaren Spekulationen wurde jede weiterreichende Betrachtung als mit dem Verdacht des Spekulativen behaftet angesehen und aus dieser an sich berechtigten, durch Übereifer aber mit Kurzsichtigkeit geschlagenen Furcht vor dem eben erst überwundenen Feinde, also aus der allgemeinen Zeitanschauung erklärt sich ganz wohl jenes auffallende Verhalten.

34. Besser ging es mit einer Anfang 1842 geschriebenen Arbeit. Die Abhandlung erschien alsbald unter dem Titel „Bemerkungen über die Kräfte der unbelebten Natur" in den von Liebig und Wöhler herausgegebenen „Annalen der Pharmacie und Chemie". Die günstige Aufnahme in der chemischen Zeitschrift verdankt sie dem Umstande, daß der Herausgeber Liebig selbst mit dem gleichen Problem beschäftigt war, von welchem Mayer seine Anregung gewonnen hatte, nämlich mit der Frage nach der Verwertung der Nahrung im tierischen Körper. Und nun lassen wir den sechsundzwanzigjährigen Entdecker selbst reden:

Bemerkungen über die Kräfte der unbelebten Natur.

„Der Zweck folgender Zeilen ist, die Beantwortung der Frage zu versuchen, was wir unter „Kräften" zu verstehen haben, und wie sich solche untereinander verhalten. Während mit der Benennung „Materie" einem Objekte sehr bestimmte Eigenschaften, als die der Schwere, der Raumerfüllung zugeteilt werden, knüpft sich an die Benennung Kraft vorzugsweise der Begriff des unbekannten, unerforschlichen, hypothetischen. Ein Versuch, den Begriff von Kraft ebenso präzis als den von Materie aufzufassen und damit nur Objekte wirklicher Forschung zu bezeichnen, dürfte mit den daraus fließenden Konsequenzen Freunden klarer hypothesenfreier Naturanschauung nicht unwillkommen sein.

Kräfte sind Ursachen, mithin findet auf dieselben volle Anwendung der Grundsatz: causa aequat effectum. Hat die Ursache c die Wirkung e, so ist $c = e$; ist e wieder die Ursache einer anderen Wirkung f, so ist $e = f$, usf. $c = e = f \ldots = c$. In einer Kette von Ursachen und Wirkungen kann, wie aus der Natur einer Gleichung erhellt, nie ein Glied oder ein Teil eines Gliedes zu Null werden. Diese erste Eigenschaft aller Ursachen nennen wir ihre Unzerstörlichkeit.

Hat die gegebene Ursache c eine ihr gleiche Wickung e hervorgebracht, so hat eben c damit zu sein aufgehört; c ist

zu e geworden; wäre nach der Hervorbringung von e c ganz
oder einem Teile nach noch übrig, so müßte dieser rück-
bleibenden Ursache noch weitere Wirkung entsprechen, die
Wirkung von c überhaupt also $>$ e ausfallen, was gegen die
Voraussetzung c $==$ e. Da mithin c in e, e in f usw. übergeht,
so müssen wir diese Größen als verschiedene Erscheinungsformen eines und desselben Objektes betrachten. Die Fähigkeit, verschiedene Formen annehmen zu können, ist die zweite
wesentliche Eigenschaft aller Ursachen. Beide Eigenschaften
zusammengefaßt, sagen wir: Ursachen sind (quantitativ) unzerstörliche und (qualitativ) wandelbare Objekte.

Zwei Abteilungen von Ursachen finden sich in der Natur
vor, zwischen denen erfahrungsmäßig keine Übergänge stattfinden. Die eine Abteilung bilden die Ursachen, denen die
Eigenschaft der Ponderabilität und Impenetrabilität zukommt,
— Materien; die andere die Ursachen, denen letztere Eigenschaften fehlen, — Kräfte, von der bezeichnenden negativen
Eigenschaft auch Imponderabilien genannt. Kräfte sind also:
unzerstörliche, wandelbare, imponderable Objekte.

Eine Ursache, welche die Hebung einer Last bewirkt, ist
eine Kraft; ihre Wirkung, die gehobene Last, ist also
ebenfalls eine Kraft; allgemeiner ausgedrückt heißt dies:
räumliche Differenz ponderabler Objekte ist eine
Kraft; da diese Kraft den Fall der Körper bewirkt, so nennen
wir sie Fallkraft. Fallkraft und Fall, und allgemeiner noch
Fallkraft und Bewegung sind Kräfte, die sich verhalten wie
Ursache und Wirkung, Kräfte, die ineinander übergehen, zwei
verschiedene Erscheinungsformen eines und desselben Objektes. Beispiel: eine auf dem Boden ruhende Last ist keine
Kraft; sie ist weder Ursache einer Bewegung, noch der Hebung
einer anderen Last, wird dies aber in dem Maße, in welchem
sie über den Boden gehoben wird; die Ursache, der Abstand
einer Last von der Erde, und die Wirkung, das erzeugte
Bewegungsquantum, stehen, wie die Mechanik weiß, in einer
beständigen Gleichung.

Indem man die Schwere als Ursache des Falles betrachtet,
spricht man von einer Schwerkraft und verwirrt so die Begriffe

von Kraft und Eigenschaft; gerade das, was jeder Kraft
wesentlich zukommen muß, die Vereinigung von Unzerstörlichkeit und Wandelbarkeit, geht jedweder Eigenschaft
ab; zwischen einer Eigenschaft und einer Kraft, zwischen
Schwere und Bewegung läßt sich deshalb auch nicht die für
ein richtig gedachtes Kausalverhältnis notwendige Gleichung
aufstellen. Heißt man die Schwere eine Kraft, so denkt man
sich damit eine Ursache, welche, ohne selbst abzunehmen,
Wirkung hervorbringt, hegt damit also unrichtige Vorstellungen über den ursächlichen Zusammenhang der Dinge.
Um daß ein Körper fallen könne, dazu ist seine Erhebung
nicht minder notwendig als seine Schwere, man darf daher
letzterer allein den Fall der Körper nicht zuschreiben.

Es ist der Gegenstand der Mechanik, die zwischen Fallkraft und Bewegung, Bewegung und Fallkraft, und die zwischen
den Bewegungen unter sich bestehenden Gleichungen zu entwickeln; wir erinnern hier nur an einen Punkt. Die Größe
der Fallkraft v steht — den Erdhalbmesser $= \infty$ gesetzt —
mit der Größe der Masse m und mit der ihrer Erhebung d
in geradem Verhältnisse; $v = md$. Geht die Erhebung $d = 1$
der Masse m in Bewegung dieser Masse von der Endgeschwin-
digkeit $v = 1$ über, so wird auch $v = mc$; aus den bekannten
zwischen d und c stattfindenden Relationen ergibt sich aber
für andere Werte von d oder c, mc^2 als das Maß der Kraft v;
also $v = md = mc^2$; das Gesetz der Erhaltung lebendiger
Kräfte finden wir in dem allgemeinen Gesetze der Unzerstörbarkeit begründet.

Wir sehen in unzähligen Fällen eine Bewegung aufhören,
ohne daß letztere eine andere Bewegung oder eine Gewichts-
erhebung hervorgebracht hätte; eine einmal vorhandene Kraft
kann aber nicht zu Null werden, sondern nur in eine andere
Form übergehen und es fragt sich somit, welche weitere Form
die Kraft, welche wir als Fallkraft und Bewegung kennen
gelernt, anzunehmen fähig sei? Nur die Erfahrung kann
uns hierüber Aufschluß erteilen. Um zweckmäßig zu experi-
mentieren, müssen wir Werkzeuge wählen, welche neben dem,
daß sie eine Bewegung wirklich zum Aufhören bringen, von

den zu untersuchenden Objekten möglichst wenig verändert werden. Reiben wir z. B. zwei Metallplatten aneinander, so werden wir Bewegung verschwinden, Wärme dagegen auftreten sehen und es fragt sich jetzt nur, ist die Bewegung die Ursache von Wärme? Um uns über dieses Verhältnis zu vergewissern, müssen wir die Frage erörtern, hat nicht in den zahllosen Fällen, in denen unter Aufwand von Bewegung Wärme zum Vorschein kommt, die Bewegung eine andere Wirkung als die Wärmeproduktion und die Wärme eine andere Ursache als die Bewegung?

Ein Versuch, die Wirkungen der aufhörenden Bewegung nachzuweisen, wurde noch nie ernstlich angestellt; ohne die möglicherweise aufzustellenden Hypothesen zum voraus widerlegen zu wollen, machen wir nur darauf aufmerksam, daß diese Wirkung in eine Veränderung des Aggregationszustandes der bewegten sich reibenden usw. Körper in der Regel nicht gesetzt werden könne. Nehmen wir an, es werde ein gewisses Quantum von Bewegung v dazu verwendet, eine reibende Materie m in n zu verwandeln, so müßte m + v = n und n = m + v sein, und bei der Rückführung von n in m müßte v in irgend einer Form wieder zutage kommen. Durch sehr lange fortgesetztes Reiben zweier Metallplatten können wir nach und nach ein ungeheures Quantum von Bewegung zum Aufhören bringen; kann uns aber beifallen, in dem gesammelten Metallstaube auch nur eine Spur der entschwundenen Kraft wiederfinden und daraus reduzieren zu wollen? Zu nichts, wiederholen wir, kann die Bewegung nicht geworden sein und entgegengesetzte, oder positive und negative Bewegungen können nicht gleich Null gesetzt werden, so wenig aus Null entgegengesetzte Bewegungen entstehen können, oder eine Last sich von selbst hebt.

Sowenig sich, ohne Anerkennung eines ursächlichen Zusammenhanges zwischen Bewegung und Wärme von der entschwundenen Bewegung irgend Rechenschaft geben läßt, so wenig läßt sich auch ohne jene die Entstehung der Reibungswärme erklären. Aus der Volumensverminderung der sich reibenden Körper kann dieselbe nicht hergeleitet werden. Man kann bekanntlich durch Zusammenreiben zwei Eisstücke im luftleeren Raume schmelzen; man versuche nun, ob man durch den unerhörtesten Druck Eis in Wasser verwandeln könne? Wasser erfährt, wie der Verfasser fand, durch starkes Schütteln eine Temperaturerhöhung. Das erwärmte Wasser (von 12° und 13° C) nimmt nach dem Schütteln ein größeres Volumen ein als vor demselben; woher kommt nun die Wärmemenge, welche sich durch wiederholtes Schütteln in demselben Apparate beliebig oft hervorbringen läßt? Die thermische Vibrationshypothese inkliniert zu dem Satze, daß Wärme die Wirkung von Bewegung sei, würdigt aber dieses Kausalverhältnis im vollen Umfange nicht, sondern legt das Hauptgewicht auf unbehagliche Schwingungen.

Ist es nun ausgemacht, daß für die verschwindende Bewegung in vielen Fällen (exceptio confirmat regulam) keine andere Wirkung gefunden werden kann als die Wärme, für die entstandene Wärme keine andere Ursache als die Bewegung, so ziehen wir die Annahme, Wärme entsteht aus Bewegung, der Annahme einer Ursache ohne Wirkung und einer Wirkung ohne Ursache vor, wie der Chemiker, statt H und O ohne Nachfrage verschwinden und Wasser auf unerklärliche Weise entstehen zu lassen, einen Zusammenhang zwischen H und O einer- und Wasser anderseits statuiert.

Den natürlichen zwischen Fallkraft, Bewegung und Wärme bestehenden Zusammenhang können wir uns auf folgende Weise anschaulich machen. Wir wissen, daß Wärme zum Vorschein kommt, wenn die einzelnen Massenteile eines Körpers sich näher rücken; Verdichtung erzeugt Wärme; was nun für die kleinsten Massenteile und ihre kleinsten Zwischenräume gilt, muß wohl auch seine Anwendung auf große Massen und meßbare Räume finden. Das Herabsinken einer Last ist eine wirkliche Volumensverminderung des Erdkörpers, muß also gewiß mit der dabei sich zeigenden Wärme im Zusammenhange stehen; diese Wärme wird der Größe der Last und ihrem (ursprünglichen) Abstande genau proportional sein müssen. Von dieser Betrachtung wird man ganz einfach zu der besprochenen Gleichung von Fallkraft, Bewegung und Wärme geführt.

Sowenig indessen aus dem zwischen Fallkraft und Bewegung bestehenden Zusammenhange geschlossen werden kann: das Wesen der Fallkraft sei Bewegung, so wenig gilt dieser Schluß für die Wärme. Wir möchten vielmehr das Gegenteil folgern, daß, um zu Wärme werden zu können, die Bewegung — sei sie eine einfache oder eine vibrierende, wie das Licht, die strahlende Wärme usw. — aufhören müsse, Bewegung zu sein.

Wenn Fallkraft und Bewegung gleich Wärme, so muß natürlich auch Wärme gleich Bewegung und Fallkraft sein. Wie die Wärme als Wirkung entsteht, bei Volumensverminderung und aufhörender Bewegung, so verschwindet die Wärme als Ursache unter dem Auftreten ihrer Wirkungen, der Bewegung, Volumensvermehrung, Lasterhebung.

In den Wasserwerken liefert die auf Kosten der Volumensverminderung, welche der Erdkörper durch den Fall des Wassers beständig erleidet, entstehende und wieder verschwindende Bewegung fortwährend eine bedeutende Menge von Wärme; umgekehrt dienen wieder die Dampfmaschinen zur Zerlegung der Wärme in Bewegung oder Lasterhebung. Die Lokomotive mit ihrem Convoi ist einem Destillierapparate zu vergleichen; die unter dem Kessel angebrachte Wärme geht in Bewegung über und diese setzt sich wieder an den Achsen der Räder als Wärme in Menge ab.

Wir schließen unsere Thesen, welche sich mit Notwendigkeit aus dem Grundsatze „causa aequat effectum" ergeben und mit allen Naturerscheinungen in vollkommenem Einklang stehen, mit einer praktischen Folgerung. — Zur Auflösung der zwischen Fallkraft und Bewegung statthabenden Gleichungen mußte der Fallraum für eine bestimmte Zeit, z. B. für die erste Sekunde, durch das Experiment bestimmt werden; gleichermaßen ist zur Auflösung der zwischen Fallkraft und Bewegung einerseits und der Wärme anderseits bestehenden Gleichungen die Frage zu beantworten, wie groß das einer bestimmten Menge von Fallkraft oder Bewegung entsprechende Wärmequantum sei. Zum Beispiel wir müssen ausfindig machen, wie hoch ein bestimmtes Gewicht über den Erdboden

erhoben werden müsse, daß seine Fallkraft äquivalent sei der
Erwärmung eines gleichen Gewichtes Wasser von o° auf 1° C?
Daß eine solche Gleichung wirklich in der Natur begründet
sei, kann als das Resümee des Bisherigen betrachtet werden.
Unter Anwendung der aufgestellten Sätze auf die Wärme-
und Volumensverhältnisse der Gasarten findet man die Senkung
einer in Gas komprimierenden Quecksilbersäule gleich der
durch die Kompression entbundenen Wärmemenge und es
ergibt sich hieraus, — den Verhältnisexponenten der Kapa-
zitäten der atmosphärischen Luft unter gleichem Drucke und
unter gleichen Volumen gleich 1,421 gesetzt — daß dem Herabsinken eines Gewichtsteiles von einer Höhe von zirka 365 m
die Erwärmung eines gleichen Gewichtsteils Wasser von o°
auf 1° entspreche. Vergleicht man mit diesem Resultate die
Leistungen unserer besten Dampfmaschinen, so sieht man,
wie nur ein geringer Teil der unter dem Kessel angebrachten
Wärme in Bewegung oder Lasterhebung wirklich zersetzt wird,
und dies könnte zur Rechtfertigung dienen für die Versuche,
Bewegung auf anderem Wege als durch Aufopferung der
chemischen Differenz von C und O, namentlich also durch
Verwandlung der auf chemischen Wege gewonnenen Elektrizität
in Bewegung, auf ersprießliche Weise darstellen zu wollen."

35. Wie man sieht, beschränkt sich Mayer in dieser
Skizze ausdrücklich auf die unbelebte Natur, obwohl er seinen
Gedanken gerade durch die Betrachtung der Lebewesen gewonnen hatte. Dies geschah, um zunächst die einfachsten
Verhältnisse zu erörtern. In einer wenige Jahre später ver-
öffentlichten Schrift „Über die organische Bewegung
und den Stoffwechsel" holt er nicht nur diese Seite seiner
allgemeinen Idee nach, sondern weist auch auf deren Bedeutung für die Auffassung kosmischer Erscheinungen hin. So
sehen wir, daß ihm die weltumfassende Beschaffenheit des
Begriffes, den er geschaffen oder vielmehr. aus dem Chaos
der Erscheinungen isoliert hatte, durchaus klar war.

Für unsere allgemeine Untersuchung ist das Wesentlichste,
was Mayer geleistet hat, die substanzielle Auffassung dessen,
was er Kraft nennt, d. h. der Energie. Diese ist ihm durchaus

eine Wirklichkeit, ein Wesen bestimmter und eigener Art; gerade die Unzerstörbarkeit und Unerschaffbarkeit kennzeichnet seine Wirklichkeit. Um diese so eindringlich zu machen, wie er kann, stellt er die Energie der Materie an die Seite: einerseits gibt es die unzerstörlichen ponderablen Objekte, die Materie, und andererseits die unzerstörlichen imponderablen Objekte, die Energien. Beide sind gleich wirklich und unterscheiden sich nur durch den Umstand, daß die einen auf die Wage wirken, die anderen nicht.

36. Die Zeitgenossen und die nächsten Nachfahren sahen in dieser Zusammenstellung eine Kühnheit, zu der sie sich nicht aufzuschwingen vermochten. Wie wir alsbald sehen werden, ist es gerade diese Seite der Anschauung Mayers, die zunächst ganz in den Hintergrund tritt. Man begnügte sich mit der Tatsache des bestimmten Umwandlungsverhältnisses zwischen Wärme und Arbeit und versuchte im übrigen, instinktmäßig von den früheren Anschauungen so viel zu retten, als möglich war. Dies ist eine sehr natürliche Folge der geistigen Ökonomie. Es ist in einem jeden Falle eine harte Arbeit, wenn man eine neue wissenschaftliche Anschauung in einem mehr oder weniger bekannten Gebiete durchführen und die alten Erscheinungen in neuem Lichte betrachten muß; es ist so, als müßte man einen gewohnten Inhalt in einer neuen Sprache sagen, die man zu diesem Zwecke erst erlernen muß. Was Wunder, wenn man immer wieder versucht, die Ausdrucksform der alten Sprache beizubehalten und die neue zunächst nur dort anwenden, wo es nicht anders geht, weil die alte zu unlänglich gewesen war. So finden wir, daß Mayer mit dieser seiner Auffassung ganz allein stand und blieb; alle anderen Forscher, die bald darauf ähnliche Gedanken über den gegenseitigen Zusammenhang der Naturkräfte entwickelt haben, versuchten mit den alten Begriffen auszukommen, indem sie die Wärme und die anderen nichtmechanischen Formen der Energie als Bewegungszustände der kleinsten Teilchen der Materie auffaßten und somit alle Energie auf mechanische, ja in neuerer Zeit sogar allein auf Bewegungsenergie zurückzuführen versuchten.

Wir wissen, daß es sich hierbei um einen alten Ausweg vor der neuen Begriffsbahn handelt, auf den schon Leibniz hingewiesen hatte, und wir haben uns bereits überzeugt, daß auf solchen Auswegen nur ein Festfahren, nicht aber ein wirklicher Fortschritt möglich ist. So finden wir die heutigen Naturforscher bereits so weit fortgeschritten, daß sie nach über sechzig Jahren glücklich auf dem Standpunkte Mayers angelangt sind. Will sich heute ein Physiker oder Chemiker recht fortschrittlich gebärden, so erklärt er die Materie und die Energie für zwei ähnliche oder parallele Wesenheiten und definiert die Naturwissenschaft als die Lehre von der Umwandlung der beiden unzerstörlichen Dinge, der Materie und der Energie, meist ohne zu wissen, daß er damit nur die Auffassung Mayers wiederholt. Aber wir werden später sehen, daß auch damit bei weitem noch nicht das letzte Wort gesagt ist. Auch der Dualismus Materie—Energie läßt sich beseitigen, indem der Begriff der Materie als ein untergeordneter und nicht einmal besonders glücklicher sich herausstellen wird.

Hierdurch verschwindet natürlich auch der Dualismus Geist—Materie und es entsteht die Frage, wie sich die Energie zum Geist verhält. Dies ist nun der weiteste Fortschritt, den die Wissenschaft in dieser Richtung gewagt hat, daß sie auch diese beiden Wesenheiten als gleichartig ansieht und den Begriff des Geistes auch von dem der Energie absorbieren läßt. Doch soll diese Bemerkung nur die Richtung kennzeichnen, in welcher sich die weitere Entwicklung dieser großartigen Gedankenreihe vollzogen hat; Inhalt und Begründung dieser Andeutungen wird erst die eingehende Untersuchung des weiteren Entwicklungsverlaufes erkennen lassen.

37. Wie bei fast allen wichtigen Entdeckungen war Mayer nicht der einzige, der um jene Zeit in solche Gedankenbahnen einlenkte; indessen war er der erste und auch der originalste, dessen Auffassung am weitesten in die Zukunft gereicht hat. Unabhängig von ihm und auf ganz anderem Wege war etwas später der englische Forscher James Prescott Joule zu der gleichen Entdeckung gelangt.

Joule gehörte zu dem fast nur in England vorkommenden Geschlechte der privaten Forscher oder Amateur-Entdecker. In seinen Zivilverhältnissen war er der Besitzer einer großen Bierbrauerei bei Manchester, deren Einkünfte ihm ermöglichten, seinen wissenschaftlichen Neigungen nachzugehen. Diese waren, wie so oft bei seinen Landsleuten, halbwegs praktischer Natur. So hatte ihn der damals eben entdeckte Elektromagnetismus lebhaft interessiert, da die ungeheuren Anziehungskräfte, welche sich in einem von einem elektrischen Strome umflossenen Eisenkern entwickeln, Aussicht auf die technische Gewinnung wohlfeiler Arbeit eröffneten. Bekanntlich hat die spätere Entwicklung der Angelegenheit gerade den entgegengesetzten Verlauf genommen: nicht die magnetische Kraft, die durch galvanische Elemente hervorgebracht werden kann, ist technisch wichtig geworden, sondern umgekehrt der Ersatz der damals einzigen Quelle elektrischer Ströme, der galvanischen Elemente, durch mechanische Elektromotoren.

In einer methodisch ausgezeichneten Arbeit hat nun Joule diesen praktischen Gedanken durchforscht, indem er alle die verschiedenen Faktoren, die bei dem Betrieb von Maschinen durch den elektrischen Strom in Betracht kommen, einzeln studierte, wobei als wissenschaftliches Nebenergebnis eine Anzahl wichtiger physikalischer Gesetze abfielen. Vor allen Dingen mußte ihn die Wärmeentwicklung interessieren, die in den Drähten seiner Apparate auftrat, denn er fand bald, daß diese in bestimmtem einfachen Zusammenhange mit dem Verbrauch an Chemikalien in seinen galvanischeu Elementen stand. Bald stellte sich heraus, daß unter sonst gleichen Verhältnissen der Strom weniger Wärme in den Drähten entwickelte, wenn die Maschine arbeitete, als wenn sie still stand. Hier machte sich nun eine ganz ähnliche Gedankenreihe geltend, wie wir sie soeben bei Mayer kennen gelernt hatten, nur daß anstelle des tierischen Organismus hier der elektromagnetische Apparat mit seinem galvanischen Element trat. Das Ergebnis war hier wie dort, daß die Quelle der mechanischen Arbeit in den chemischen Vorgängen zu suchen

ist und daß diese je nach Umständen entweder Wärme allein
oder Arbeit und entsprechend weniger Wärme hergeben.

38. Um nun aber völlige Klarheit in diese ziemlich verwickelten Verhältnisse zu bringen, begann Joule sie nach
Möglichkeit zu vereinfachen. Er fragte sich: wo liegt die
einfachste Beziehung zwischen Arbeit und Wärme vor? und
gab sich die Antwort: wenn man durch Reibung Arbeit in
Wärme verwandelt. Ist der Gedanke von der Gleichwertig-
keit der Arbeit mit der Wärme richtig, so muß man aus
einer gegebenen Arbeitsmenge immer die gleiche Wärmemenge erhalten, ganz unabhängig von der besonderen Weise,
in welcher die Arbeit in Wärme verwandelt wird.

Wir erkennen wieder das wichtige Prinzip, wie die Fest-
stellung, daß eine gewisse Sache unabhängig von einer großen
Gruppe von Umständen, denen man sonst geneigt wäre, einen
Einfluß zuzutrauen, einen sehr erheblichen wissenschaftlichen
Fortschritt bedeutet.

Aus seinen Versuchen, in welchen er die Arbeit fallender
Gewichte auf möglichst mannigfaltige Art in Wärme ver-
wandelte, zog nun Joule in der Tat den Schluß, daß ein
unveränderliches Verhältnis zwischen beiden besteht, und
machte im Jahre 1843, also nur ein Jahr nach Mayers
erster Veröffentlichung, eine entsprechende Mitteilung. Man
muß nachträglich den Mut bewundern, mit welchem Joule
seinen weittragenden Schluß zog. Denn jene ersten Messungen
waren mit recht unvollkommenen Hilfsmitteln ausgeführt
und die einzelnen Werte, die Joule als gleich ansah, wichen
um sehr erhebliche Beträge, fast wie 1 zu 2, voneinander
ab. Wir werden nicht fehlgehen, wenn wir in der allgemeinen
Überzeugung Joules von der Richtigkeit des Gedankens die
Quelle dieses Mutes sehen. Sehr sorgfältige und genaue
Messungen, die er selbst später ausgeführt hat, haben indessen jenen ersten kühnen Schluß durchaus bestätigt.

39. Was die allgemeinen Anschauungen anbelangt, von
denen sich Joule bei seinen Arbeiten leiten ließ, so sind sie
bereits oben angedeutet worden. Er betrachtete das konstante Verhältnis zwischen Arbeit und Wärme, welches er

durch seine Versuche bestätigt hatte, als ein Zeichen dafür, daß auch die Wärme im Grunde mechanischer Natur sei und daß sie, entsprechend einer bereits damals weit verbreiteten Anschauung, in einer Bewegung der kleinsten Teilchen der Materie, der Atome oder Moleküle, bestehe. Alsdann würde es sich bei der Umwandlung von Arbeit in Wärme um einen ganz ähnlichen Vorgang handeln, wie bei der Umwandlung von Arbeit in lebendige Kraft gewöhnlicher oder sichtbarer Art, und damit wäre das Äquivalentsgesetz „erklärt". Allerdings ist diese Erklärung von derselben unbefriedigenden Beschaffenheit, wie alle ad hoc erfundenen Hypothesen, denn sie besagt nichts mehr, als was die zu erklärende Tatsache bereits enthält. Aber sie hat durchaus die Beschaffenheit, die neue Tatsache im Lichte einer alten und bekannten erscheinen zu lassen, und darin liegt der psychologische Grund für die Bereitwilligkeit, mit der solche Hypothesen allgemein aufgenommen werden.

40. Bei dieser Gelegenheit mag ein Irrtum berichtigt werden, der sich bezüglich des Verhältnisses zwischen Mayers und Joules Anteil an der Entdeckung des Gesetzes von der Erhaltung der Energie und der Bestimmung des mechanischen Wärmeäquivalents oder des Zahlenwertes für das Verhältnis der damals benutzten Einheiten der Arbeit und der Wärme seinerzeit verbreitet worden ist und der sich noch gelegentlich heute in der Literatur findet. Mayer hatte dies Verhältnis, wie auf S. 58 angegeben ist, aus den Wärmeerscheinungen bei der Ausdehnung der Gase mit und ohne Leistung äußerer Arbeit abgeleitet, indem er die Wärmemenge, die zur bloßen Erwärmung der Luft ohne Ausdehnung erforderlich ist, mit der verglich, welche verbraucht wird, wenn die Luft sich ausdehnt und dabei äußere Arbeit leistet. Es war Mayer vorgeworfen worden, daß dieser Schluß auf der Annahme beruhe, daß die bloße Volumvergrößerung der Luft ohne äußere Arbeitsleistung keine Wärme verbraucht, während dies erst durch spätere Versuche von Joule nachgewiesen worden sei. Indessen ist jener Nachweis bereits viel früher durch Gay-Lussac erbracht worden, dessen Versuche Joule

nur wiederholt und erweitert hat, und Mayer hatte bei seinem Aufenthalte in Paris reichlich Gelegenheit gehabt, diese Versuche, die damals lebhaft erörtert wurden, kennen zu lernen. Ja, es ist nicht unwahrscheinlich, daß das Rätsel, welches damals in diesen Tatsachen zu liegen schien, einen wesentlichen Anteil an der Entwicklung seiner Gedanken gehabt hat. Unter allen Umständen aber muß betont werden, daß Mayers Berechnung jenes Verhältnisses durchaus richtig und wohlbegründet war, und daß die Abweichung von dem richtigen Werte, der in seiner zuerst berechneten Zahl noch enthalten ist, nur auf der Ungenauigkeit der damals in der Wissenschaft geltenden Zahlenwerte für die thermischen Eigenschaften der Luft begründet war und nicht auf grundsätzlichen Mängeln der Rechnung.

41. Der dritte Forscher, welchem wir Wesentliches für die Ein- und Durchführung des Gesetzes von der Erhaltung der Energie verdanken, ist H. Helmholtz. Er ist auf gleichem Wege wie Mayer, nämlich durch Nachdenken über das Problem der Wärmeentwicklung im tierischen Körper, zu seinen Schlüssen gelangt, hat aber seine Arbeit erst 1847, also fünf Jahre nach Mayers erster kurzer und zwei Jahre nach dessen ausführlicher Arbeit (Die organische Bewegung in ihrem Zusammenhange mit dem Stoffwechsel) veröffentlicht. Mit einer viel umfassenderen Kenntnis der damaligen Physik ausgestattet als Mayer und die mathematischen Hilfsmittel der Darstellung frei beherrschend, konnte Helmholtz eine viel vollständigere und in die Einzelheiten gehende Darstellung der Bedeutung des Prinzips von der Erhaltung der „Kraft" (wie auch er die Arbeit oder allgemein die Energie nannte) geben. Als Grundgedanken benutzt er den gleichen, wie Joule, nur daß er ihn mathematisch zu vertiefen weiß. Er zeigt, daß für alle mechanischen Gebilde das Gesetz von der Erhaltung der Energie (welche dann entweder lebendige Kraft oder „Spannkraft" ist) gelten muß, wenn die in diesen Gebilden wirkenden Spannkräfte sich in der Verbindungslinie der wirkenden Teilchen betätigen und im übrigen nur Funktionen ihrer Entfernungen sind. Indem er nun vor-

läufig annimmt, daß alle Naturerscheinungen sich auf der-
artige Kräfte zurückführen lassen, entwickelt er die Folge-
rungen, welche sich aus dieser Annahme und demgemäß der
Annahme von der Erhaltung der „Kraft" für die einzelnen
Gebiete der Physik ergeben, wobei er zur Aufstellung einer
Anzahl neuer Beziehungen gelangt. Hierin und in der klaren
Einsicht, daß „die vollständige Bestätigung des Gesetzes wohl
als eine der Hauptaufgaben der nächsten Zukunft der Physik
betrachtet werden muß", liegt die große Bedeutung dieser
Arbeit, während sie in der Auffassung, daß es Aufgabe der
Physik sei, alle Erscheinungen auf Mechanik zurückzuführen,
nicht über den Standpunkt ihrer Zeit hinausgeht.

Die Aufnahme, welche der 26jährige Helmholtz mit
seiner Arbeit fand, war nur wenig besser, als sie Mayer
fünf Jahre früher gefunden hatte. Poggendorff, der Herausgeber der Annalen der Physik, lehnte sie unter ungenügender
Begründung trotz einflußreicher Befürwortung ab, und in der
Akademie der Wissenschaften trat nur der Mathematiker
Jakobi, dem der Inhalt wegen eigener Untersuchungen
über die Grundlagen der Mechanik zugänglicher war, dafür
ein. Helmholtz mußte die Schrift für sich im Buchhandel
erscheinen lassen, erhielt jedoch sogar ein Honorar von
seinem Verleger. Und in dem Kreise jugendlicher Physiker,
Mathematiker und Physiologen, welche soeben in Berlin die
Physikalische Gesellschaft gebildet hatten, fand er begeisterte
Zustimmung, so daß ihm auch die persönliche Förderung
und Erhebung nicht fehlte, durch deren vollständigen Mangel
Mayer in dem engen Kreise seiner kleinstädtischen Umgebung auf das schwerste zu leiden hatte.

42. Mit Helmholtz' Schrift über die Erhaltung der Kraft
trat denn auch die Wendung ein, daß eine immer größere
und größere Anzahl von Fachgenossen den neuen Gedanken
nicht nur anerkannten, sondern auch als Grundlage weiterer
Forschungen benutzten. Hierdurch gingen die oben angeführten Worte von Helmholtz in umfänglichster Weise
in Erfüllung, und in stetiger Entwicklung hat das Gesetz
von der Erhaltung der Energie inzwischen so weit seinen

Einzug in das allgemeine Bewußtsein nicht nur der Gelehrten,
sondern der durchschnittlichen Gebildeten gehalten, daß es
gegenwärtig bereits zu dem Vorrat instinktmäßiger oder
unterbewußter Kenntnisse der Allgemeinheit gehört. Denn
Verletzungen dieses Gesetzes werden nicht nur theoretisch
für unmöglich gehalten, sondern auch unsere täglichen Gedanken vermeiden unwillkürlich und selbsttätig Wege und
Ideenverbindungen, welche zu einer solchen Verletzung führen
oder sie voraussetzen würden.

Was die grundsätzliche Seite der Frage betrifft, ob die
Welt im letzten Ende mechanisch begriffen werden müsse
oder ob der Energiebegriff ein höherer und allgemeinerer ist
als der der mechanischen Kraft, so wurde sie in jener Zeit
überhaupt nicht gestellt und erörtert, so daß ihre Entscheidung
für das Denken der Zeit nicht in Betracht kam. Die Ursache
war, daß in den wissenschaftlichen Kreisen damals der mechanische Materialismus so gut wie widerspruchslos verbreitet
war. Daß die Natur auf die Mechanik bewegter Atome zurückzuführen sei, galt nicht als eine noch des Beweises bedürftige
Hypothese, sondern als ein Postulat der wissenschaftlichen
Forschung, welches eines Beweises überhaupt nicht bedurfte.
Für die Durchführung des Erhaltungsgesetzes der Energie
in der Physik war diese Annahme kein Hindernis, da sie ja
gleichfalls das Erhaltungsgesetz enthält, und somit bestand
auch sehr lange Zeit kein Bedürfnis, die Stichhaltigkeit jenes
Postulats zu prüfen. Erst in neuester Zeit erwies es sich
als nötig, diese Prüfung vorzunehmen, namentlich nachdem
der mechanische Materialismus bezüglich der psychischen
Erscheinungen zu auffallenden Widersprüchen geführt hatte,
welche den Jugendfreund und Gesinnungsgenossen Helmholtz', den Physiologen du Bois Reymond, veranlaßten,
die Existenz von absolut unlösbaren Welträtseln zu behaupten.
Doch wird auf diese Fragen erst an viel späterer Stelle ein-
gehend zurückzukommen sein.

Fünftes Kapitel. Der zweite Hauptsatz.

43. Unabhängig von der Entwicklung der eben geschilderten Gedankenreihe, welche zu dem Begriff der Energie als eines unzerstörbaren und unerschaffbaren Wesens geführt hat, zieht sich eine andere Entwicklung hin, deren erste Quellen uns zeitlich sehr viel näher liegen, da sie sich nicht weiter als bis an den Anfang des neunzehnten Jahrhunderts zurückverfolgen lassen. Demgemäß hat sich die Einverleibung dieses Gedankengutes in das allgemeine Bewußtsein des Kulturmenschen bei weitem nicht so weitgehend und vollständig vollzogen, wie dies mit jenem Erhaltungsgesetze, das wir künftig den ersten Hauptsatz der Energetik nennen wollen, der Fall gewesen ist. Als äußeres Zeichen für diesen Zustand finden wir, daß auch noch in unserer Zeit von wissenschaftlich gebildeten Menschen Gedanken ohne Widerspruch und Mißtrauen vollzogen werden, die mit diesem zweiten Hauptgesetz, das wir nun kennen lernen wollen, in Widerspruch stehen. Hiermit steht im Zusammenhange, daß von den unübersehbaren Schätzen an Naturerkenntnis, die uns dieses Gesetz noch zu vermitteln bestimmt ist, nur ein verhältnismäßig kleiner Teil abgebaut ist und der größte noch der Gewinnung harrt. Es gibt eben zurzeit noch zu wenig Forscher, welche diese Tiefen sicher und erfolgreich zu befahren wissen. Und ebenso, wie nur der auf dem Zweirade sicher fährt und weitere Reisen unternehmen kann, welcher die Lenkstange instinktiv richtig handhaben gelernt hat und nicht mehr im Notfalle erst nachdenken muß, welcher Griff eigentlich der richtige wäre, so ist die große Ausbeute aus jenem zweiten Gesetze erst zu erwarten, wenn dessen Inhalt von jedem Naturforscher ebenso instinktiv benutzt wird, wie es jetzt bereits mit dem ersten Hauptsatze im wesentlichen erreicht ist.

44. Die Quelle dieses zweiten Stromes der großen Erkenntnis führt auf einen jungen Militäringenieur namens Sadi Carnot zurück. Er wurde 1796 als Sohn eines ausgezeichneten Mannes, L. M. N. Carnot, geboren, der während

der französischen Revolution als Organisator der Armee,
dann in verschiedenen führenden Stellungen (schließlich
Kriegsminister) tätig gewesen war, auch unter dem Kaiser-
reich Hervorragendes geleistet hatte, nach dem Sturze Napo-
leons aber in die Verbannung gehen mußte. Er siedelte
nach Deutschland über, und auch sein Sohn Sadi ist zu wieder-
holten Malen in Deutschland gewesen. Dieser begann nach der
Erledigung der Ecole polytechnique in Paris gleichfalls eine
militärische Laufbahn, verließ sie aber bald, um sich privaten
Studien hinzugeben. Sein Hauptwerk, eine kleine Schrift unter
dem Titel „Reflexions sur la puissance motrice du feu",
veröffentlichte er im Jahre 1824, also im Alter von 28 Jahren.
Im Jahre 1832 ist er gestorben, ohne der Welt ein weiteres Produkt seiner inzwischen fortgesetzten Arbeiten zu hinterlassen.

45. Zunächst fällt auf, daß auch an dieser Stelle der entscheidende Schritt von einem auffallend jungen Manne getan
worden ist. Mayer war bei der Veröffentlichung seiner
Arbeit 26, Joule 25, Helmholtz 26 Jahre alt und Carnot,
wie wir eben sahen, 28; keiner von diesen größten Förderern
der Naturerkenntnis hatte also das 30. Lebensjahr erreicht.
Überlegen wir dazu, daß alle die Veröffentlichungen nicht
den Zeitpunkt darstellen, in welchem der Gedanke erfaßt
worden ist, sondern daß jedesmal inzwischen eine Anzahl
von Jahren vergangen war, bevor der erfaßte Gedanke bis
zur äußeren Darstellung entwickelt, und dann noch, bis die
Möglichkeit der Mitteilung gefunden wurde, so erschrecken
wir förmlich vor der Jugendlichkeit unserer großen Förderer
und Führer. Wir sind so gewöhnt, Wissenschaft und Weisheit als Eigenschaften des höheren Alters anzusehen, daß es
uns beinahe wie Mangel an Pietät erscheint, daß jene grünen
Jünglinge es seinerzeit gewagt hatten, der Welt mit ihren
bartlosen Köpfen neue Wege zu weisen.

Indessen, die angegebenen Zahlen liegen nun einmal vor und
können nicht bezweifelt werden, und ebensowenig kann der
Schluß bezweifelt werden, daß die größten wissenschaftlichen
Taten von überaus jungen Menschen getan werden können.
Man könnte noch vielleicht an einen sonderbaren Zufall

denken, durch welchen gerade diese Gruppe von Jünglingen sich bei diesem einen großen Problem zusammengefunden hat. Aber wenn man eine ähnliche Prüfung auf die anderen Gebiete der Wissenschaft ausdehnt, so findet man überall Ähnliches: bei weitem die größte Mehrzahl der bahnbrechenden wissenschaftlichen Leistungen verdankt die Menschheit Jünglingen, welche die Zwanzig nur eben überschritten hatten.

Es ist hier nicht der Ort, auf die Gründe und Folgen dieser seltsamen Tatsache einzugehen. Doch erschien es sehr nützlich, wiederum auf sie aufmerksam zu machen. Von verschiedenen Seiten ist bereits früher auf dieses geschichtliche Faktum hingewiesen worden, doch ist seine allgemeine Kenntnis noch sehr wenig verbreitet. Und doch wäre es von größter Wichtigkeit, wenn alle Kreise, die mit der Erziehung und Behandlung der Jugend zu tun haben, diese Tatsache nicht nur wüßten, sondern ihre Handlungen danach einrichteten. Denn da in den Leistungen solcher Jünglinge das enthalten ist, was den Kulturwert einer jeden Nation in erster Linie bestimmt, so ist es eine Angelegenheit von der größten Wichtigkeit, daß den jungen Männern, die zu solchen Leistungen befähigt sind, nicht durch die allgemeinen Einrichtungen die Möglichkeit dazu genommen wird. Überlegen wir, daß durch den in Deutschland üblichen Schulbetrieb mit nachfolgendem Universitätsstudium gewöhnlich das 25. Lebensjahr erreicht ist, wenn nur eben das Universitätsstudium abgeschlossen wird, so sehen wir alsbald, daß bei uns die Bedingungen für die Entwicklung originaler Entdecker durchaus nicht günstig zu nennen sind. Es wäre in jeder Beziehung sehr viel besser, den Schulunterricht einige Jahre früher aufhören zu lasseu (etwa mit Erreichung der „Freiwilligen"-Zulassung) und den Jünglingen entsprechend früher ihre freie Entwicklung an der Universität oder Hochschule zu ermöglichen, damit nicht durch die gegenwärtige übermäßige Ausdehnung des Zwangsunterrichtes dauernd eine vielleicht große Anzahl besonderer wissenschaftlicher Begabungen unterdrückt wird[1].

---

[1] Helmholtz war erst siebzehn Jahre alt, als er sein Abiturientenexamen mit Erfolg bestand. Heute gibt es keine siebzehnjährigen Abiturienten. Die übermäßige Ausdehnung des Gymnasialunterrichts, die eine

46. Die Betrachtungen Carnots, zu denen wir uns nun
wenden wollen, nehmen ihren Ausgangspunkt von der damals
eben zutage tretenden Bedeutung der Dampfmaschinen für
die Industrie. Durch diese war es möglich geworden, Aufgaben zu lösen, die den früheren Mitteln unzugänglich geblieben waren, und es war gleicherweise eine praktisch wie
wissenschaftlich höchst interessante Frage, sich Rechenschaft
über die Grundlagen dieser außerordentlichen Wirkungen zu
geben. Da damals der Gedanke von der Umwandlung der
Wärme in Arbeit noch nicht einmal als Ahnung bestand, so
lag durchaus ein Rätsel vor, wie man überhaupt die Wärme
zum Arbeiten sollte bringen können, was doch tatsächlich
ausgeführt wurde.

Um sich ein Verständnis hierfür zu verschaffen, verglich
Carnot die Wärme in den Dampfmaschinen mit dem Wasser
in den Mühlrädern. Ebenso wie nicht das Wasser an sich
das Mühlrad treibt, sondern nur solches Wasser, welches von
einem höheren Stande auf einen niedrigeren fällt, so kann
auch die Wärme nur Arbeit leisten, wenn sie von einem
höheren Stande auf einen niedrigeren fällt. Welche Eigenschaft der Wärme drückt aber das aus, was beim Wasser
der Stand ist? Carnot fand die Antwort, daß dies die Temperatur sein muß. Ebensowenig, wie sich das Wasser in
Bewegung setzt, wenn nicht ein Druckunterschied ihm dazu
die Ursache gibt, ebensowenig setzt sich die Wärme in Bewegung, wenn nicht ein Temperaturunterschied sie treibt.
Ohne einen Wärmeübergang kann man aber keine Wärmemaschine betreiben. Denn eine jede derartige Maschine beruht darauf, daß irgend ein Körper, sei er nun fest oder flüssig
oder gasförmig, durch Erwärmung dazu gebracht wird, daß
er sein Volum ändert und bei dieser Ausdehnung die arbeitenden Teile der Maschine in Bewegung setzt. Er muß also seine
Temperatur ändern, denn ohne Temperaturänderung träte
keine Ausdehnung und keine Bewegung irgend welcher Art ein.

schwere Schädigung des Schülers bedeutet, gehört erst der neueren Zeit
an, und ihre Beseitigung muß als eine der wichtigsten schulpolitischen
Maßnahmen bezeichnet werden, die zurzeit anzustreben sind.

Diese Betrachtungen sind vollkommen sachgemäß; sie
bedeuten viel mehr als eine bloße äußerliche Analogie, denn
sie sind die Vorgänger einer späteren allgemeinen Auffassung,
die sich auf sämtliche Energiearten bezieht. Für jede Energie
gibt es eine charakteristische Eigenschaft, welche ihre Stärke
oder Intensität heißt und welche angibt, ob die betreffende
Energie in Ruhe ist oder nicht. Beim Wasser der Wassermühle ist es der Druck (welcher der Höhe proportional ist,
also durch diese gemessen werden kann), bei der Wärme
die Temperatur, bei der Elektrizität die Spannung, usw. Indessen beschränkt Carnot, gemäß dem Wissen seiner Zeit,
seine Betrachtungen ausschließlich auf die Wärme, indem er
einige weitere, höchst wichtige Begriffsbildungen ausführt, zu
denen wir uns nun wenden wollen.

47. Zunächst überträgt er den aus der Mechanik bekannten Begriff der idealen Maschine auf den neuen
Fall und bestimmt allgemein, welche neue Bedingungen erfüllt sein müssen, damit eine Wärmemaschine ideal arbeitet. Er findet, daß dem Arbeitsverlust durch Reibung,
wie er bei den mechanischen Maschinen vorkommt, ein
Arbeitsverlust durch Wärmeleitung bei den Wärmemaschinen entspricht. Wo nämlich die Wärme einfach von
einem Teil auf einen anderen übergeht, ohne dabei zur
Arbeitsleistung gezwungen zu sein, da handelt es sich um
einen Verlust an Arbeit. Ebenso also, wie eine vollkommene
Maschine nur unendlich wenig vom Gleichgewicht abweichen
darf, indem die Bewegungen durch einen verschwindend
kleinen Kraft- oder Drucküberschuß bewirkt werden müssen,
so muß bei einer vollkommenen Wärmemaschine jeder Wärmeübergang durch einen verschwindend kleinen Temperaturunterschied bewirkt werden. Da andererseits aber doch end-
liche, und zwar möglichst große Temperaturunterschiede vorhanden sein müssen, um Arbeit zu gewinnen, so liegt hier
scheinbar eine unmögliche Forderung vor. Carnot erfüllt sie
aber dennoch durch die folgende Überlegung. Wenn ein Gas
sich unter Arbeitsleistung ausdehnt, so wird es dabei kälter;
umgekehrt erwärmt es sich, wenn es zusammengedrückt

wird. Hierdurch sind Temperaturverschiedenheiten ermöglicht, ohne daß sie durch Wärmeleitung hervorgebracht werden, ohne daß sie also mit Arbeitsverlusten verbunden sind. Aus solchen Prozessen: Volumänderungen unter positiver oder negativer Arbeitsleistung und entsprechender Temperaturänderung, aber ohne Wärmeaustausch nach außen einerseits und Wärmeübergängen bei verschwindend kleinen Temperaturunterschieden andererseits muß sich ein Prozeß zusammensetzen, damit er in idealer Vollkommenheit verläuft. Ein solcher Prozeß ist gleichzeitig u m k e h r b a r, d. h. er könnte theoretisch genommen ebensogut in einem Sinne, wie in entgegengesetztem verlaufen. Denn für die Volumänderungen ist, wie bei den mechanischen Maschinen, angenommen, daß der zu überwindende Druck nur unbegrenzt wenig kleiner ist als der Arbeitsdruck; es könnte also unter unbegrenzt kleiner Verschiebung der Verhältnisse die Maschine veranlaßt werden, umgekehrt zu laufen. Und die dabei erforderlichen umgekehrten Wärmeübergänge könnten durch die entsprechende unbegrenzt kleine Änderung der Temperatur bewirkt werden. Es ist mit einem Worte eine jede ideale Maschine auch immer umkehrbar.

Endlich führte Carnot den Begriff eines Kreisprozesses ein. Ein solcher besteht aus einer derartigen Reihe von Teilvorgängen, daß nach Abschluß einer bestimmten Anzahl derselben alle arbeitenden Teile der Maschine wieder in ihrem ursprünglichen Zustande sind. Auch dieser Begriff war von den mechanischen Maschinen hergenommen worden, da nur unter dieser Bedingung eine Maschine dauernd arbeiten kann. Die Dampfmaschinen insbesondere sind alle so konstruiert, daß die beweglichen Teile immer wieder denselben Kreis von Einzelbewegungen durchlaufen, nach deren Beendigung das Spiel genau in derselben Weise von neuem beginnt.

Indem er die beiden Begriffe, den der Umkehrbarkeit und den des Kreisprozesses, vereinigt, kommt Carnot zu dem Begriffe des u m k e h r b a r e n K r e i s p r o z e s s e s, der für die weitere Entwicklung der ganzen Angelegenheit sich als eines der allerwichtigsten Hilfsmittel erwiesen hat.

48. Nun denken wir uns einen bestimmten Kreisprozeß von einer vollkommenen Wärmemaschine ausgeführt. Dieser wird erstens durch die höchste und die niedrigste Temperatur gekennzeichnet sein, zwischen denen er sich vollzieht. Wir nehmen den einfachsten Fall, daß die Wärmeübergänge nur bei diesen beiden äußersten Temperaturen, der höchsten T_o und der niedrigsten T_u stattfinden, und daß der ganze Zwischenraum in der beschriebenen Weise durch Abkühlung bzw. Erhitzung unter Arbeitsbetätigung, aber ohne Wärmeleitung durchmessen wird. Dann betrachten wir einen Kreislauf der Maschine, bei welchem die Wärmemenge Q bei der oberen Temperatur T_o aufgenommen und die Arbeit A (nach Abzug des Betrages, der dazu erforderlich ist, den Kreislauf zu vollenden und die Maschine wieder in die Anfangsstellung zu bringen) geleistet wird. Die Arbeit A, geteilt durch die Wärmemenge Q, nennen wir die Nutzung der Maschine.

Man wird im allgemeinen geneigt sein anzunehmen, daß diese Nutzung ganz und gar von der Art der Maschine abhängig sein wird und daher so gut wie jeden beliebigen Wert annehmen kann. Aber hier befinden wir uns wieder einem der Gesetze gegenüber, dessen Bedeutung in dem Nachweis liegt, daß ein solcher Einfluß nicht stattfindet, daß mit anderen Worten die Nutzung bezüglich der besonderen Art der Maschine invariant ist, falls es sich um eine ideale oder vollkommene Maschine handelt. Der Nachweis liegt in der folgenden Betrachtung.

Wir nehmen zwei ideale Maschinen, die gemäß dieser Eigenschaft auch umkehrbar sind, und bestimmen die Wärmemengen Q_1 und Q_2, welche erforderlich sind, damit beide zwischen denselben Temperaturen den gleichen Betrag an Arbeit leisten. Die beiden Größen Q_1 und Q_2 können entweder gleich oder verschieden sein; wir nehmen zunächst das letztere an, und zwar sei Q_1 größer als Q_2. Wir betreiben nun die erste Maschine direkt, so daß sie die Wärmemenge Q_1 aufnimmt und die Arbeit A abgibt. Mit dieser Arbeit betreiben wir die andere Maschine rückwärts, so daß sie die Arbeit A aufnimmt und die Wärmemenge Q_2 bei der oberen

Temperatur T_0 abgibt. Das Ergebnis dieser doppelten Operation ist, daß die Arbeit gerade verbraucht, dagegen eine größere Wärmemenge bei T_0 abgegeben worden ist, als durch die erste Maschine daselbst entnommen wurde; es wird also ein Überschuß von Wärme auf die höhere Temperatur gebracht, für welche nirgendwo ein entsprechender Aufwand nachzuweisen ist. Da man diese Wärme ihrerseits wieder zur Erzeugung von Arbeit benutzen kann, so hätte man auch ein Mittel, beliebig viel Arbeit aus nichts zu schaffen. Dies muß aber als unmöglich angesehen werden und folglich kann Q_2 nicht größer als Q_1 sein.

Wir machen nun die umgekehrte Annahme, daß Q_1 größer ist als Q_2. Dann brauchen wir nur die Rollen der beiden Maschinen zu tauschen und haben wieder die gleiche Wirkung, daß unbegrenzt viel Wärme von niederer Temperatur auf höhere gebracht und zur Arbeitsleistung verwendet werden kann, ohne daß sonst ein entsprechender Aufwand nachweisbar ist. Es kann also auch nicht Q_1 größer als Q_2 sein.

Die einzige Möglichkeit, welche übrigbleibt und welche auch nicht die beliebige Gewinnung von Arbeit aus nichts bedingt, ist die, daß Q_1 gleich Q_2 ist. Die Arbeit, die man mittels einer vollkommenen Wärmemaschine aus einer gegebenen Wärmemenge zwischen gegebenen Temperaturen erlangen kann, ist also unabhängig von der Art der Maschine und hängt daher nur von den Temperaturen ab. Sie ist der betätigten Wärmemenge natürlich proportional. Denn hat man die n-fache Wärmemenge, so kann man mit ihr n gleiche Maschinen treiben, die demgemäß die n-fache Arbeit leisten.

49. Carnot bemerkt hierzu noch folgendes, was ich wörtlich hersetze[1]), da darin der Kern der ganzen Betrachtung steckt.

„Man wird vielleicht hiergegen einwenden, daß, wenn auch das Perpetuum mobile als unmöglich für mechanische Wirkungen allein nachgewiesen ist, es möglicherweise dies nicht ist, wenn man die Wirkung der Wärme oder der Elektrizität

[1]) Carnot, Betrachtungen über die bewegende Kraft des Feuers. Deutsch von W. Ostwald, Klassiker der exakten Wissenschaften, Nr. 37. Leipzig. W. Engelmann.

benutzt; aber kann man sich für die Erscheinungen der
Wärme oder der Elektrizität eine andere Ursache denken
als irgend welche Bewegungen der Körper und müssen diese
nicht auch den Gesetzen der Mechanik unterworfen sein?
Weiß man denn übrigens nicht a posteriori, daß alle Versuche, das Perpetuum mobile durch irgend welche beliebige
Mittel hervorzubringen, unfruchtbar geblieben sind? daß
man niemals dazu gelangt, ein wirkliches Perpetuum mobile
herzustellen, d. h. eine Bewegung, welche sich unaufhörlich
ohne Änderung der benutzten Körper fortsetzt?

„Man hat gelegentlich den elektromotorischen Apparat
(die Voltasche Säule) als fähig angesehen, ein Perpetuum
mobile hervorzubringen; man hat diese Idee durch die Herstellung trockener Säulen auszuführen versucht, die man als
unveränderlich ansah. Was man aber auch getan haben
mag, schließlich hat der Apparat immer eine merkliche Zerstörung erfahren, wenn man seine Wirkung über eine gewisse Zeit hinaus mit einiger Energie unterhalten hat.

„Der allgemeine und philosophische Begriff des Perpetuum mobile enthält nicht nur die Vorstellung einer Bewegung, welche sich nach dem ersten Anstoß ins Unbegrenzte
fortsetzt, sondern auch die der Wirkung irgend einer Vorrichtung oder Zusammensetzung, welche fähig ist, bewegende
Kraft in unbegrenzter Menge zu erschaffen, fähig also, sämtliche Körper der Natur, wenn sie sich in Ruhe befinden,
nacheinander in Bewegung zu setzen und damit das Prinzip
der Trägheit aufzuheben, fähig endlich, aus sich selbst die
Kräfte zu schöpfen, um schließlich das ganze Weltall in Bewegung zu setzen, es darin zu erhalten und unausgesetzt
zu beschleunigen. Dies wäre eine wirkliche Erschaffung von
bewegender Kraft. Wäre eine solche möglich, so wäre es
überflüssig, die bewegende Kraft in den Strömungen des
Wassers und der Luft, in den Brennmaterialien zu suchen;
wir hätten eine unversiegbare Quelle derselben, aus der wir
nach Belieben schöpfen könnten.“

50. Es stellt sich wiederum heraus, daß das Naturgesetz
vom unmöglichen Perpetuum mobile die ungeahnte Quelle

bestimmter Folgerungen ist. Sehr bemerkenswert ist bei
Carnots Darstellung das Schwanken zwischen der Vorstellung, ob diese Unmöglichkeit a priori aus den Gesetzen
der Mechanik und ihrer hypothetischen Anwendung auf
nichtmechanische Erscheinungen oder a posteriori aus der
Erfahrung zu folgern sei. Da, wie wir gesehen haben, auch
der mechanische Satz vom unmöglichen Perpetuum mobile
nichts als der Ausdruck einer sehr ausgedehnten Erfahrung
ist, so bleibt, selbst wenn man beide Erwägungen gelten
lassen wollte, doch nur die Erfahrung als letzte Instanz für
den Nachweis jenes allgemeinen Gesetzes übrig.

Ferner ist Gewicht darauf zu legen, daß in der Beweis-
führung Carnots, wie sie oben wiedergegeben worden ist,
die Frage ganz offen gelassen werden konnte, ob bei der
Arbeitsleistung der Betrag der Wärme sich vermindert oder nicht. Aus der Analogie mit der Wassermühle lag der Schluß nahe, daß die Wärme ausschließlich
durch ihren Fall die Arbeit bewirkt und in unverminderter
Menge bei der tieferen Temperatur ankommt, wie das Wasser
durch seinen Fall die Arbeit bewirkt und unvermindert das
Rad verläßt. Aber bereits bei Carnot, der diese Ansicht
in den Vordergrund stellt, regen sich Zweifel, ob diese Annahme, die der damaligen Physik entsprach, sich auch überall
durchführen läßt. Wenn man den Beweis auf S. 73 nochmals
daraufhin durchsieht, so wird man finden, daß nur die bei
der oberen Temperatur ein- bzw. austretenden Wärmemengen
in der Betrachtung erscheinen und daß über die unten austretenden gar nichts gesagt zu werden braucht. So erklärt
sich, daß Carnots Überlegungen zu einem nicht nur richtigen, sondern äußerst fruchtbaren Ergebnis führen, obwohl
seine Annahme, die Wärme verlasse die Maschine in unverminderter Menge, nicht der Wahrheit entspricht.

Denn, da die Maschine Arbeit ausgibt, so muß nach dem
Gesetz von der Erhaltung der Energie (das ja erst 18 Jahre
später aufgestellt wurde) eine entsprechende Menge einer
anderen Energie verbraucht werden, als welche nur die
Wärme zu Gebote steht; es muß somit eine der Arbeitsmenge

proportionale und äquivalente Wärmemenge weniger unten austreten, als oben eingenommen worden war.

Wo bleibt dann aber die Analogie mit der Wassermühle, deren Berechtigung vorher noch ausdrücklich betont worden war? Die Antwort ist, daß zwar die Vergleichung des Druckes mit der Temperatur berechtigt ist, nicht aber die der Wärmemenge mit der Wassermenge. Denn erstere ist eine Energiegröße, letztere nicht. Um eine richtige Analogie zu haben, müssen wir bei der Wassermühle auch die entsprechende Energiegröße in Betracht ziehen. Diese wäre die Gesamtenergie des Wassers; diese findet sich wirklich, nachdem das Wasser das Rad verlassen hat, um so viel vermindert, als das Rad Arbeit nach außen abgeben konnte, ganz wie die Wärmemenge aus der Carnotschen Maschine. Die Größe aus der Wärmelehre aber, welche man mit der Wassermenge vergleichen könnte, ist dem allgemeinen Bewußtsein noch ganz ungewohnt. Sie hat den wissenschaftlichen Namen Entropie erhalten und spielt eine ihrer Bedeutung angemessene Rolle in der Theorie der Wärmeerscheinungen. Aber in die Schule und somit in die Kenntnisse des Durchschnittlich-Gebildeten ist der Gebrauch dieser Größe noch nicht eingedrungen und so muß hier die Nachricht genügen, daß sie wirklich der Wassermenge vergleichbar ist, insofern sie sich beim Durchgang durch die (ideale) Maschine gleichfalls ihrer Menge nach nicht ändert.

Das Gesamtergebnis von Carnots Betrachtungen läßt sich dahin zusammenfassen, daß bei der Erzeugung von Arbeit aus Wärme die günstigstenfalls zu erhaltende Arbeitsmenge erstens dieser Wärmemenge proportional ist, zweitens aber von der Temperatur in bestimmter Weise abhängt. Diese Temperatureigenschaft der Wärme ist eine ganz allgemeine, denn sie bestimmt die Nutzung, welche von der besonderen Beschaffenheit der Maschine unabhängig ist. Es müßte also möglich sein, eine allgemeingültige Formel oder Tabelle aufzustellen, welche für gegebene Temperaturen die Berechnung der Nutzung aus der Einheit der Wärmemenge gestattete. Carnot versucht denn auch, wie es einem wahren

Forscher geziemt, diesen schweren Schlußstein seinem Ge-
bäude einzufügen. Da aber die Wissenschaft seinerzeit ihm
noch nicht die nötigen Daten lieferte, so mußte dieser Teil
des Unternehmens unvollendet bleiben und ist erst viel später
durch Clausius und Thomson ausgeführt worden.

51. Es setzt uns bereits nicht mehr in Erstaunen, wenn
wir bei der Untersuchung der geschichtlichen Verhältnisse
dieser fundamentalen Entdeckung erfahren, daß sie ohne
jeden Eindruck auf die Zeitgenossen vorübergegangen ist.
Das Schriftchen, in welchem Sadi Carnot seine Forschungen
veröffentlicht hatte, scheint nur in wenigen Exemplaren ge-
druckt worden zu sein, denn nachdem später die Bedeutung
seines Inhaltes bekannt geworden war, haben die nächst-
beteiligten Forscher die größten Schwierigkeiten gehabt, es
sich zu verschaffen[1]). Daß es nicht ganz vergessen wurde,
beruhte auf einem äußerst dünnen Faden der wissenschaftlichen Tradition. Der Gedanke wurde zuerst acht Jahre
nach seiner Veröffentlichung von einem Landsmanne Carnots, dem Ingenieur Clapeyron, aufgenommen und in
analytischer Gestalt entwickelt; diese Darstellung ist im
wesentlichen unverändert bis auf den heutigen Tag im Gebrauch geblieben. Auch diese Abhandlung erregte keine
Aufmerksamkeit, selbst dann noch nicht, als Poggendorff
im Jahre 1843 (vielleicht um die Zurückweisung von Mayers
Schrift etwa zu kompensieren) sie in deutscher Sprache in
den Annalen der Physik veröffentlichte. Erst nachdem
andere gleichwertige Denker sich wiederum diesen Problemen
genähert hatten, knüpften sie den abgerissenen Gedanken-
faden wieder an, wobei die Arbeit von Clapeyron als Vermittelung diente. Diese gleichwertigen Denker aber waren
William Thomson (später Lord Kelvin) und Robert
Clausius. Zu ihren Arbeiten wollen wir uns nun wenden.

---

1) Für die geringe Verbreitung der Kenntnis von der grundlegenden
Beschaffenheit der Entdeckung Carnots spricht auch der Umstand, daß
es mir noch vor etwa 15 Jahren möglich war, im deutschen Antiquariats-
handel ein vorzüglich erhaltenes Exemplar jener Seltenheit für einen verhältnismäßig sehr zivilen Preis zu erhalten.

Sechstes Kapitel. Energie und Entropie.

52. Nachdem M a y e r, J o u l e und H e l m h o l t z ihre grundlegenden Arbeiten über den ersten Hauptsatz veröffentlicht
hatten, war ein eigentümlicher Widerspruch entstanden.
Einmal war es vollkommen klar geworden, daß die gegenseitigen Umwandlungen der Energie auf einem äquivalenten
Verschwinden und Entstehen beruhen, so daß insbesondere
keinerlei Arbeit irgendwie erhalten werden kann, für welche
nicht eine entsprechende Menge einer anderen Energie verbraucht wird und aus der Welt verschwindet. Andererseits
hatte C a r n o t seine Theorie gerade unter der Annahme entwickelt, daß in den Wärmemaschinen keine Wärme verschwindet, sondern sie sich nur von der höheren Temperatur
auf die niedere begibt, und daß dieser Vorgang ein zureichen-
der Grund für die Entstehung der Arbeit sei. Allerdings ist
oben gezeigt worden, daß es keinen Einfluß auf das Ergebnis
von C a r n o t s Überlegungen hat, ob man die eine oder die
andere Annahme macht; dies war aber damals keineswegs
klargestellt worden und der Widerspruch harrte noch der
Untersuchung und Aufklärung.

Freilich gab es damals kaum einen Menschen, der sich
diesen Widerspruch zu Gemüte geführt hätte, denn die Arbeit
von C a r n o t war vergessen, wenn man sie überhaupt ge-
kannt hatte. Aber als sie schließlich durch den Entwicklungsgang der Wissenschaft an das Licht gezogen wurde, war
der Widerspruch in aller Schärfe da.

Zunächst empfand ihn W i l l i a m T h o m s o n, später L o r d
K e l v i n, der in diesen Tagen dahingegangene letzte Veteran
aus jenem Heer von Pionieren der Wissenschaft, denen wir
die Eroberung des neuen Gebietes für das wissenschaftliche
Denken verdanken. Er ist im Jahre 1824 als Sohn eines
begabten Mathematikers geboren und wurde durch persönliche Beziehungen zu J o u l e, als dessen theoretischer Be-
rater in den oben erwähnten Untersuchungen über das mechanische Wärmeäquivalent er tätig gewesen zu sein scheint,
auf die Beschäftigung mit den hier vorliegenden Problemen

geführt. Helmholtz schildert seine Erscheinung im Jahre 1855
in einem Briefe an seine Frau folgendermaßen: „Ich er-
wartete, in ihm, der einer der ersten mathematischen Physiker Europas ist, einen Mann etwas älter als ich selbst zu
finden, und war nicht wenig erstaunt, als mir ein sehr jugendlicher, hellblondester Jüngling von ganz mädchenhaftem Aussehen entgegentrat. Er hatte für mich in seiner Nachbar-
schaft ein Zimmer gemietet und ich mußte meine Sachen
aus dem Gasthof holen, um dort abzusteigen . . . . . Er über-
trifft übrigens alle wissenschaftlichen Größen, die ich bisher
kennen gelernt habe, an Scharfsinn, Klarheit und Beweglichkeit des Geistes, so daß ich mir selbst neben ihm etwas
stumpfsinnig erscheine."

Die erste Arbeit, in welcher William Thomson sich
mit den Gedanken Carnots beschäftigte, ist im Jahre 1849
erschienen und enthält im wesentlichen eine Berechnung
jener allgemeinen Temperaturfunktion, welche die aus einer
bestimmten Wärmemenge zu erhaltende Arbeit mit der Temperatur in Beziehung setzt. Für diesen Zweck lagen neue
Messungen von Regnault über die Eigenschaften des Wasser-
dampfes vor, aus denen Thomson eine Reihe von Zahlen-
werten ableitet, ohne indessen einen berechenbaren allgemeinen Ausdruck für diese Carnotsche Funktion aufzustellen.
Daß Thomson bei dieser Veröffentlichung nicht älter als
25 Jahre war, wird uns gemäß den früher gemachten Erfahrungen über das Lebensalter der Forscher bei besonders
originalen Arbeiten nicht mehr in Erstaunen setzen.

Während aber Thomson in jener Arbeit sich noch den
Ansichten Carnots über den Nichtverbrauch der Wärme
rechnerisch anschloß, war ihm doch deren wissenschaftliche
Berechtigung sehr zweifelhaft geworden, zumal ihm die vorher erschienenen Arbeiten Joules sehr genau bekannt waren.
Wenn nämlich der bloße Übergang von Wärme aus einer
höheren Temperatur in eine niedrigere Arbeit erzeugen kann,
wo bleibt die entsprechende Arbeit, wenn die Wärme bloß
durch Leitung einen Temperaturfall erleidet? Da keinerlei
andere Veränderung sich dabei nachweisen läßt, so müßte

man hier einen wirklichen Verlust von Arbeitsmöglichkeit oder Arbeitskraft in der Natur annehmen, was nicht wohl denkbar sei.

Wenn er trotzdem noch an jener früheren Auffassung festhielt, so tat er es, weil er noch keine wissenschaftliche Möglichkeit sah, ohne diese Annahme auszukommen. „Wenn wir dies Prinzip verlassen, so stoßen wir auf unzählige andere Schwierigkeiten, welche ohne fernere experimentelle Untersuchungen und ohne einen vollständigen Neubau der Wärmetheorie von Grund auf unüberwindlich sind."

53. Dieser Neubau von Grund auf wurde bald darauf durch Robert Clausius bewerkstelligt. Clausius war 1822 in Köslin (Pommern) geboren und gehörte als junger Privatdozent in Berlin dem Kreise der Physikalischen Gesellschaft an, in welchem diese Gedanken damals sehr eifrig diskutiert wurden. Seine ersten wissenschaftlichen Arbeiten waren mathematisch-optischer Natur. Im Alter von 28 Jahren überraschte er die wissenschaftliche Welt mit einer fundamentalen Arbeit „Über die bewegende Kraft der Wärme und die Gesetze, welche sich daraus für die Wärmelehre selbst ableiten lassen", die in Poggendorffs Annalen (die sich inzwischen den Arbeiten auf diesem Gebiete geöffnet hatten) veröffentlicht wurde. Hier wurde der Schritt getan, vor dem W. Thomson noch zurückgescheut war, und die Vereinigung der Gedanken von Mayer und Carnot vollzogen. Clausius erklärt unter ausdrücklicher Bezugnahme auf die eben erwähnte Bemerkung von Thomson: „Auch halte ich die Schwierigkeiten nicht für so bedeutend ... denn wenn man auch in der bisherigen Vorstellungsweise einiges ändern muß, so kann ich doch mit erwiesenen Tatsachen nirgends einen Widerspruch finden. Es ist nicht einmal nötig, die Carnotsche Theorie dabei ganz zu verwerfen, wozu man sich gewiß schwer entschließen würde, da sie zum Teil durch die Erfahrung eine auffallende Bestätigung gefunden hat. Bei näherer Betrachtung findet man aber, daß nicht das eigentliche Grundprinzip von Carnot, sondern nur der Zusatz, daß keine Wärme verloren gehe, der neuen Betrachtungsweise

entgegensteht, denn es kann bei der Erzeugung der Arbeit sehr wohl beides gleichzeitig stattfinden, daß eine gewisse Wärmemenge verbraucht und eine andere von einem warmen zu einem kalten Körper übergeführt wird, und beide Wärmemengen können zu der erzeugten Arbeit in bestimmter Beziehung stehen. Es wird dies im Nachstehenden noch deutlicher werden und es wird sich dabei zeigen, daß die aus beiden Annahmen gezogenen Schlüsse nicht nur nebeneinander bestehen können, sondern sich sogar gegenseitig bestätigen."

Das wichtigste Ergebnis, welches die Arbeit von Clausius enthielt, war der Nachweis, daß die Carnotsche Funktion durch den reziproken Wert der absoluten, d. h. von −273° unter dem Eispunkte ab gezählten, Temperatur dargestellt wird. Clausius gelangt zu diesem fundamentalen Resultat durch die Ausrechnung des von Carnot angegebenen Kreisprozesses für ein ideales Gas unter Benutzung der inzwischen namentlich durch die Arbeiten von Regnault festgestellten Eigenschaften der wirklichen Gase, von denen aus sich eine wohlbegründete Extrapolation auf den Grenzfall des idealen, d. h. den einfachen Gesetzen genau gehorchenden, Gases bewerkstelligen ließ. Da die Nutzung von der Art der Maschine unabhängig ist, so gilt dies Ergebnis ganz allgemein. Er weist ferner nach, daß die von W. Thomson rein experimentell berechneten Werte jener Funktion innerhalb der Grenzen der Messungszuverlässigkeit mit seinem theoretischen Ergebnis zusammenfallen, und daß somit eine wissenschaftliche Berechtigung besteht, sein Ergebnis allgemein anzunehmen. Das entsprechende Naturgesetz lautet demgemäß in seiner einfachsten Gestalt: arbeitet eine ideale Maschine zwischen zwei gegebenen Temperaturen, so ist der Bruchteil der Wärme, welche in Arbeit übergeführt wird, gleich dem Unterschiede der beiden Temperaturen, geteilt durch die höhere Temperatur in absoluter Zählung. Um sich diesen hochwichtigen Satz anschaulich zu machen, betrachte man die nebenstehende Figur. Die Temperaturen sind dort nach oben gerechnet, und die Rechtecke stellen die entsprechenden

Wärmemengen dar. Sind T_1 und T_2 die beiden Temperaturen, zwischen denen die Maschine arbeitet, so ist die in Arbeit umgewandelte Wärme gegeben durch das Rechteck $T_1 T_1 T_2 T_2$, während die gesamte Wärmemenge durch das Rechteck $T_1 T_1 O O$ dargestellt wird.

Bei der Betrachtung dieser Figur wird man auch alsbald an den Vergleich mit der Wassermaschine erinnert, von welcher Carnot ausgegangen war. Die Höhen stellen wieder sachgemäß die Wasserhöhen (genauer die entsprechenden hydrostatischen Drucke) dar und die unverändert bleibende Wassermenge (genauer das Wasservolum, welches mit dem Drucke multipliziert die Arbeit darstellt) wird durch die Linie $T_1 T_1$ dargestellt, welche sich von der oberen Höhe $T_1 T_1$ bis zur unteren $T_2 T_2$ herabsenkt. Die Lage $O O$ stellt die denkbar tiefste Lage dar, bis zu welcher das Wasser im äußersten Falle sinken könnte. Dies ist für die Temperatur der absolute Nullpunkt; für den Druck gibt es dagegen keinen derart eindeutig bestimmten Punkt.

54. Es bleibt noch die Frage übrig, welche Bedeutung denn die Linien $T_1 T_1$ bzw. $T_2 T_2$ und $O O$ in der Wärmelehre haben. Die Wärmemenge selbst ist es nicht, denn diese ist ja durch die Rechtecke dargestellt. Es muß eine Größe sein, die, mit der Temperatur multipliziert, die Wärmemenge ergibt; man findet sie also, wenn man die letztere durch die Temperatur dividiert.

Mit der Entwicklung und Deutung dieser Größe beschäftigt sich nun eine zweite Abhandlung, welche Clausius vier Jahre später veröffentlichte. Allerdings war er, der ganz analytisch-rechnerischen Art seiner Arbeit gemäß, nicht auf dem eben beschriebenen anschaulichen Wege dazu gelangt, sondern es trat ihm bei seinen Rechnungen eine gewisse Funktion als häufig vorkommend und daher wichtig entgegen. Diese erwies sich als der Quotient der betätigten

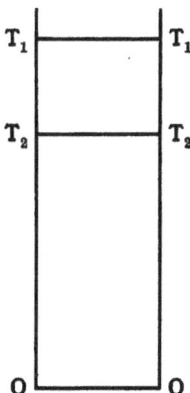

Wärmemengen durch die absolute Temperatur, bei der diese
sich betätigt hatte, und es stellte sich aus den Formeln heraus, daß bei allen umkehrbaren Vorgängen dieser Quotient
konstant blieb. Ihre physikalische Bedeutung war die der
betätigten Wärmemengen, multipliziert mit der Carnotschen
Funktion, also eine Größe, die auf das engste mit der Hauptfrage nach dem in Arbeit umwandelbaren Teil der Wärme
verknüpft ist. Da Clausius die Carnotsche Funktion bereits
als den reziproken Wert der absoluten Temperatur erkannt
hatte, so nahm der Ausdruck die Form Q/T, d. h. die Wärmemenge dividiert durch die absolute Temperatur, an. Wegen
ihres häufigen Vorkommens belegte er sie mit einem besonderen Namen, indem er sie die Entropie nannte. Der
oben erwähnte allgemeine Satz, der aus der Figur S. 83 anschaulich abzulesen ist, besagt demgemäß, daß bei umkehrbaren Kreisprozessen die gesamte Änderung der Entropie
gleich Null ist, denn die Änderung der Entropie $T_1 T_1$ bei
der höheren Temperatur T_1 ist gleich der entgegengesetzten
Änderung $T_2 T_2$ bei der tieferen T_2.

Während aber bei idealen oder umkehrbaren Kreisprozessen die Entropie sich nicht ändert, erfährt sie bei wirklichen Vorgängen aller Art, die man zu Kreisprozessen (aber
nicht umkehrbaren) ordnen kann, nur Veränderungen in
einem bestimmten Sinne; sie kann nämlich immer nur größer,
niemals kleiner werden. Da der nicht umkehrbare Anteil
eines jeden thermischen Vorganges sich in letzter Linie immer
auf eine Wärmeleitung zurückführen läßt, so genügt es,
diese Tatsache für die reine Wärmeleitung aufzuzeigen. Es
seien zwei Körper von den Temperaturen T_1 und T_2 gegeben,
welche sich durch Wärmeleitung auf eine gemeinsame, da-
zwischenliegende Temperatur T_m ausgleichen. Hierbei verläßt eine bestimmte Wärmemenge Q_1 den wärmeren Körper
und geht auf den kälteren über, wobei die Temperatur des
ersten sich auf T_m erniedrigt, die des zweiten sich auf die
gleiche Temperatur erhöht. Ein elementarer Ausdruck für
die entsprechende Entropieänderung läßt sich nicht aufstellen, da die Vorgänge bei veränderlichen Temperaturen

erfolgen. Wohl aber können wir folgendes sagen. Betrachten wir irgend eine kleine Wärmemenge dQ, welche in irgend einem Augenblicke von dem ersten Körper auf den zweiten übergeht. Da sie den ersten Körper verläßt, so ist sie für ihn negativ zu rechnen und positiv für den zweiten, der sie empfängt. Die Entropieänderung des ersten Körpers ist durch $-dQ/T_1'$ gegeben, wo T_1' zwischen T_1 und T_m liegt, die des zweiten durch $+dQ/T_2'$, wo T_2' zwischen T_2 und T_m liegt. Daher ist T_1' immer größer als T_2' und dQ/T_1', daher immer kleiner als dQ/T_2', so daß die Summe beider notwendig positiv ist. **Bei jeder Wärmeleitung nimmt somit die Entropie zu und somit ist auch jeder natürliche, nicht ideale Kreisprozeß mit Entropiezunahme verbunden.**

55. Aus dieser letzten Betrachtung läßt sich nun ein sehr merkwürdiger Schluß ziehen, der vor allen Dingen von William Thomson mit allem Nachdruck hervorgehoben worden ist. Dehnt man das betrachtete Gebilde mehr und mehr aus, so daß es schließlich die ganze Welt umfaßt, so kann gemäß dem Gesetz von der unvermeidlichen Entropiezunahme bei allen natürlichen Vorgängen die Welt niemals vollständig in irgend einen Zustand zurückgelangen, in dem sie sich früher einmal befunden hat. Sondern wenn auch alles andere nach Möglichkeit in den früheren Zustand zurückgebracht worden ist, so muß doch bei diesem Kreisprozeß die Entropie entsprechend den inzwischen erfolgten Wärmeleitungen zugenommen haben. Dies bedeutet aber, daß die vorhandenen Temperaturunterschiede und die diesen entsprechenden Quellen der natürlichen Veränderungen abgenommen haben. Denkt man sich diese Vorgänge weiter und weiter fortgesetzt, so müssen sie schließlich so enden, daß alle Temperaturverschiedenheiten sich ausgeglichen haben, und daß auch alle anderen Ursachen, die zu Temperaturverschiedenheiten führen können (z. B. chemische Vorgänge) allendlich erschöpft sein müssen. Diesen beständig und einseitig erfolgenden Vorgang nennt Thomson den der Energiezerstreuung (Dissipation) und er kommt zum Schlusse,

daß das Ende der Welt ein Zustand zerstreuter Energie sein muß, in welchem alles Geschehen ein Ende erreicht hat und das Weltall den „Wärmetod" stirbt.

Diese Schlußfolgerung hat sehr viel Aufsehen erregt, zumal Helmholtz und Clausius sich ihr angeschlossen haben; der letztere sprach den Satz in der Gestalt aus: die Entropie der Welt strebt einem Maximum zu. Andererseits hat man den Satz angegriffen und als sinnlos erklärt, da man über die Gesamtheit der Welt nicht aussagen könne, indem man sie und die in etwa noch unbekannten Räumen herrschenden Bedingungen nicht kennt. Dies letztere ist unzweifelhaft richtig. Doch liegt die Bedeutung jenes Schlusses ausschließlich darin, daß bzw. ob er für das uns bekannte Gebiet der Welt zutrifft, und in dieser Beziehung muß zugestanden werden, daß wir in der Tat nur solche Vorgänge kennen, die im Sinne der Entropievermehrung verlaufen. Die praktischen Schlüsse über die Zukunft der Erde bleiben also zunächst dieselben wie bei jenem allzuausgedehnten und dadurch unbestimmt gewordenen Ausspruch über die ganze Welt; auch wenn man gelegentliche große Energiezufuhren durch herabfallende Weltkörper annimmt, so können sich die derart verfügbaren Vorräte nur vermindern, nicht vermehren.

Hiermit trifft eine Betrachtung zusammen, die zuerst von Descoudres geltend gemacht worden ist: daß nämlich die ausgesprochene Einsinnigkeit aller irdischen Geschehnisse auf die Betätigung dieses Entropieprinzipes zurückzuführen sei. Die rein mechanischen Vorgänge können nämlich vorwärts genau ebensogut verlaufen wie rückwärts, während die irdischen Vorgänge, insbesondere die mit den Lebenserscheinungen verbundenen (aber auch beispielsweise die leblosen geologischen Änderungen), durchaus nur in einem Sinne verlaufen und nie im entgegengesetzten. So sehen wir die belebten Wesen, Pflanzen wie Tiere, nur altern, nie aber jünger werden, und so wirken die Wasserbewegungen auf der Erdoberfläche nur in dem Sinne, daß die Gesteinstrümmer ins Meer getragen werden, nie aber zur Erhöhung der Berge dienen, usw. Während also die mechanischen

Gesetze keine einsinnige Richtung der Zeit bedingen oder nur
ermöglichen, so liegt in der unvermeidlichen Entropiezunahme
eine solche Einsinnigkeit vor, und das tatsächliche Vorhandensein der einsinnigen Geschehnisse auf der Erde beweist die
Gültigkeit des Entropiegesetzes oder, nach Thomsons Ausdruck, die fortschreitende Dissipation der Energie.

56. Auch der Name Energie und der Begriff der Eigenenergie eines gegebenen Körpers wurde von Thomson eingeführt. Der Name selbst ist sehr alt; bereits Aristoteles
wendete ihn in einem Sinne an, der, abgerechnet natürlich
die sehr viel größere Unbestimmtheit in jener Zeit, doch in
einigen wesentlichen Zügen der modernsten Fassung dieses
Gedankens entspricht. Als populären Namen für die lebendige Kraft hat ihn dann am Anfang des 19. Jahrhunderts
der englische Physiker Th. Young gebraucht und Thomson
hat ihn unter Bezugnahme auf diesen Gebrauch wieder eingeführt.

In dem Begriff der Eigenenergie, der allerdings zunächst noch ein wenig schwankend angewendet wird und
zum Teil das darstellen soll, was später die freie Energie
genannt worden ist, hat Thomson gleichfalls eine wichtige
Gedankenreihe angebahnt. Bis dahin hatte man die Energie
als eine mathematische Funktion, höchstens als etwas mehr
oder weniger locker mit dem Körper Verbundenes angesehen,
was ja für einige Energieformen, wie die elektrische Energie
und einigermaßen auch die Wärme zutrifft. Aber daneben
ist wieder die chemische Energie untrennbar mit den Körpern
verbunden und auch ohne alle Schwereenergie kann man sie
sich nicht vorstellen. Thomson betont nun, daß ein jeder
Zustand eines Körpers durch ganz bestimmte Werte seiner
Energie gekennzeichnet wird, so daß er sich in demselben
Zustande befindet, wenn seine Energien denselben Wert haben.
Allerdings ist man nicht imstande, den Gesamtwert dieser
Energie für irgend einen Körper anzugeben, da man keinen
Zustand herstellen kann, in dem er von allen Energien be-
freit ist. Aber die Unterschiede der gesamten Energie in
verschiedenen Zuständen kann man angeben und diese

genügen, um die Fragen zu beantworten, die sich bezüglich
der Wechselwirkungen der Körper stellen lassen.

Dieser Gedanke ist in der Folge mehrfach erörtert worden,
wobei sich herausgestellt hat, daß es große Schwierigkeiten,
auch in theoretischer Beziehung, macht, die verschiedenen
etwa im Körper vorhandenen Energien voneinander getrennt
zu bestimmen. Andererseits hat die schärfere Anspannung
dieses Gedankenzuges schließlich dahin geführt, daß der
„Körper" mehr und mehr neben den an ihm befindlichen
Energien zum Verschwinden gekommen ist, so daß man
schließlich die Körper als Aggregate oder Komplexe von
Energien allein, ohne irgend einen dahinter befindlichen,
energielosen und daher auch notwendig eigenschaftslosen
Träger, vorzustellen gelernt hat.

Siebentes Kapitel.   Die Energetik.

57. Unter Energetik verstehen wir den grundsätzlichen
Gedanken, daß alle Naturerscheinungen als Vorgänge an den
vorhandenen Energien darzustellen und aufzufassen sind.
Die Möglichkeit einer derartigen „Beschreibung" der Natur
konnte nicht früher gedacht werden, als nachdem die allgemeine Umwandelbarkeit der verschiedenen Energieformen
ineinander entdeckt worden war; Robert Mayer war somit
der erste Mann, der sie ins Auge fassen konnte.

Bis zu jener Zeit war die mechanistische Auffassung
unter den Naturforschern allgemein verbreitet, nämlich der
Gedanke, daß alle Naturerscheinungen im letzten Grunde
mechanischer Beschaffenheit seien oder sich auf Bewegungen
der „Materie" zurückführen lassen. Wo solche Bewegungen
nicht nachweisbar waren, wie bei der Wärme oder Elektrizität, nahm man an, daß sie an den Atomen, d. h. so kleinen
Teilchen erfolgen, daß sie sich der unmittelbaren Beobachtung
entziehen. Insbesondere Leibniz, der beste Mathematiker
und Naturforscher unter den Philosophen und der beste
Philosoph unter den Mathematikern und Naturforschern, zog

diese allgemeine Auffassung nicht in Zweifel und die Schwierigkeiten und Widersprüche seiner allgemeinen Anschauungen
rühren zum allergrößten Teile aus dieser Grundannahme her.
Und bis auf den heutigen Tag gibt es eine sehr große Anzahl
von Naturforschern, welche wie ihre Vorgänger vor zwei-
tausend Jahren (Demokrit und Lucrez) in der „Mechanik
der Atome" der Weisheit letzten Schluß erblicken.

Diese Anschauung hat zwei sehr erhebliche Nachteile;
sie zwingt erstens zu einer großen Anzahl weiterer unbe-
weisbarer Annahmen und zweitens vermag sie den zweifellos
vorhandenen, von jedem unter uns täglich erlebten Zusammenhang zwischen den physischen Erscheinungen im engeren
Sinne und den geistigen Erscheinungen nicht darzustellen.

58. Was den ersten Punkt anlangt, wollen wir zu seiner
Erläuterung eine naheliegende, aber wichtige Betrachtung
aus der allgemeinen Wissenschaftslehre vorausschicken. Wir
fragen uns: was bezweckt die Wissenschaft und wie erreicht
sie ihre Zwecke?

Die Antwort auf die erste Frage ist: die Wissenschaft
bezweckt die Kenntnis der Erscheinungen, wobei wir unter
dem letzten Worte alle Erlebnisse verstehen, von denen ein
Mensch dem andern Mitteilung zu machen vermag. Bekannt
nennen wir aber eine Erscheinung, wenn sowohl ihre Bestandteile wie deren Reihenfolge uns nicht mehr neu sind,
wenn wir also Ähnliches in irgend einer Form vorher erlebt
hatten und daher vermöge der Erinnerung die Übereinstimmung
des gegenwärtigen Erlebnisses mit dem früheren erkennen.
Diese Erkenntnis ermöglicht uns insbesondere, wenn das neue
Ereignis erst begonnen hat, seinen späteren Verlauf voraus-
zusehen, so daß wir, falls es unser Wohlsein in irgend einer
Weise betrifft, unsere Maßnahmen treffen können, um dieses
Ereignis in unserem Sinne zu lenken. Hierin liegt die außerordentlich große biologische Bedeutung der Wissenschaft:
durch sie ist uns die Welt wohnlich geworden und wird es
immer mehr.

Diese Kenntnis der Erscheinungen wird in der Wissenschaft nun in sehr verschiedener Weise vermittelt. Zunächst

besteht die Aufgabe, die von einem bestimmten Menschen
erworbene Kenntnis den anderen zugänglich zu machen;
hierfür dient in allgemeinster Weise die Zeichenvermittlung,
von der die Sprache einen wichtigen Teil bildet. Denn da
man die Wirklichkeiten selbst dem anderen nicht jedesmal
vorzeigen kann, muß es ein Mittel geben, in ihm seine Erinnerung an die seinerseits erlebten Wirklichkeiten zu er-
wecken. Es wird zu diesem Zweck den Dingen, aus denen
sich die Erlebnisse zusammensetzen, je ein bestimmtes Zeichen
zugeordnet, welches die Erinnerung an dieses Ding hervorruft, und die Verhältnisse der Dinge untereinander werden
durch entsprechende Verhältnisse der Zeichen abgebildet.

So gaben beispielsweise die an sich völlig willkürlichen
Zeichen $pv = RT$ demjenigen, der sie kennt, Nachricht von
dem gesamten Verhalten der Gase gegen Änderungen des
Druckes und der Temperatur; sie ersetzen ihm also eine
unbegrenzte Menge von einzelnen Beobachtungen und konden-
sieren in einen engen Raum die Forschung einer ganzen
Reihe von Physikern. Dies geschieht, indem die vorhandenen
Zeichen so gewählt sind, daß sie das Verhalten der durch
sie dargestellten Werte genau abbilden. Zunächst muß man
wissen, daß p, v, R und T Veränderliche sind, die innerhalb
weiter Grenzen jeden beliebigen Wert annehmen können.
Von diesen ist R nur von der Menge des Gases abhängig
und behält für eine bestimmte Menge seinen Wert bei, wie
auch die anderen Größen sich ändern. Da außerdem noch
drei veränderliche Größen vorhanden sind, so können nur
zwei von ihnen weiterhin beliebig angenommen werden, und
hat man eine derartige Bestimmung getroffen, so ergibt sich
aus der Formel durch Einsetzen der entsprechenden bekannten Werte der dritte Wert übereinstimmend mit der
Erfahrung. Setzt man z. B. außer R noch T konstant, so
drückt die Formel das Gesetz von Boyle aus, daß das Volum
der Gase dem Drucke umgekehrt proportional ist, oder daß
beider Produkt eine konstante Größe gibt. Setzt man p konstant, so folgt das Gesetz von Gay-Lussac, wonach das Volum
der Gase proportional ihrer absoluten Temperatur ist, usw.

All dieser mannigfaltige Inhalt wird dadurch in die wenigen Zeichen gelegt, daß man gewisse Regeln ein für allemal festgestellt hat, nach welchen die den Zeichen entsprechenden Größen miteinander in Beziehung gesetzt werden, je nach der Anordnung dieser Zeichen. Es handelt sich also wirklich um eine Abbildung der wirklichen Verhältnisse durch Zeichen, denen man dieselbe Art der Veränderlichkeit und gegenseitigen Beeinflussung zugeschrieben hat, welche sich in der Natur haben beobachten lassen. Die Formel, zusammen mit den allgemeinen Regeln, die für die Deutung ihrer Zeichen vorgeschrieben sind, ersetzt also bis zu einem bestimmten, unter Umständen sehr weitgehenden Grade die Erscheinung selbst und gestattet insbesondere entsprechende Vorhersagungen der Wirklichkeit.

59. Eine solche Formel, oder was dasselbe besagt, ein solches Naturgesetz ist offenbar um so wirksamer und wertvoller, je allgemeiner und je bestimmter es ist, d. h. je größer der Kreis seiner Anwendungen ist und je mehr es über jedes Ding dieses Kreises aussagt. Der wissenschaftliche Wert eines jeden derartigen Versuches, die Wirklichkeit in eine Formel zusammenzufassen oder sie durch eine solche abzubilden, kann daher durch die Frage nach der Allgemeinheit und dem Inhaltsreichtum geprüft und bestimmt werden. Wir wollen nun diese Prüfung an dem Energiebegriff und den ihm vorausgegangenen Begriffen ausführen.

Wir untersuchen zu diesem Zwecke zunächst die mechanistische Auffassung. Vermöge der mechanischen Prinzipien, insbesondere des Gesetzes von den virtuellen Arbeiten und des Gesetzes von der Konstanz der Summe aus lebendiger Kraft und Arbeit, in mechanischen Gebilden können wir, grundsätzlich gesprochen, das Verhalten aller mechanischen Gebilde voraussagen, wenn auch in vielen Fällen (z. B. schon beim astronomischen Dreikörperproblem) die wissenschaftlichen Hilfsmittel der Mathematik nicht mehr ausreichen, die Aufgabe in allgemeiner Gestalt zu lösen. Bezüglich der Bestimmtheit der Aussage können wir daher die Mechanik für grundsätzlich genügend erklären, indem wir die noch ungelösten Aufgaben sachgemäß der Arbeit der Zukunft überweisen. Wie steht es aber mit der Allgemeinheit?

Die Antwort kann nur lauten: ungenügend. Zunächst ist zu betonen, daß von den uns bekannten Erscheinungen nur verhältnismäßig wenige, nämlich nur die Mehrzahl der astronomischen, den mechanischen Gesetzen genügen. Alle irdischen Vorgänge gehorchen dagegen weder dem Gesetze der virtuellen Arbeiten noch dem Gesetze der Erhaltung der lebendigen Kraft. Wir kennen zahllose Gebilde, die im Gleichgewicht sind, obwohl die virtuellen Arbeiten von Null verschieden sind, und wir kennen kein irdisches Gebilde, welches dem Erhaltungsgesetze gehorchte. Die Ursache dieser Abweichungen schreiben wir der Reibung zu. Die Aufgabe ist also, auch die Erscheinungen der Reibung in die mechanischen Gesetze aufzunehmen. Die früheren Versuche, dies durch Einführung mechanischer „Kräfte der Reibung" zu tun, haben mit Notwendigkeit zu Verletzungen jener beiden Grundsätze geführt. Erst durch Robert Mayers Auffassung, daß außer der mechanischen Arbeit und der lebendigen Kraft noch andere Dinge vorhanden sind, in die sich jene umwandeln können, und insbesondere, daß es sich bei der Reibung um eine Umwandlung jener mechanischen Energien in Wärme handelt, konnte wieder der wissenschaftliche Zusammenhang hergestellt werden.

Nun gab es zwei Möglichkeiten für einen solchen Zusammenhang. Die eine wurde von Helmholtz, Joule und der ganzen Reihe sich ihnen anschließender Forscher gewählt oder vielmehr beibehalten. Sie bestand in der Ausdehnung der alten mechanistischen Auffassung auf die nichtmechanischen Gebiete, wobei das allgemeine Energiegesetz als eine Folge der mechanischen Beschaffenheit dieser Gebiete erschien. Denn für mechanische Gebilde war ja das Gesetz wenigstens als Grenzgesetz aufgestellt. Oder zweitens, und dies war der von R. Mayer gefundene grundsätzlich neue Weg: man betrachtet die mechanischen Erscheinungen nur als einen Sonderfall der allge-

meinen Energieumwandlungen, die alle dem Erhaltungsgesetz unterliegen. Dann waren jene mechanischen Gesetze
nur Sonderfälle des allgemeinen Energiegesetzes, die nur unter
der Voraussetzung gelten konnten, daß außer mechanischen
Energien überhaupt keine anderen in Frage kommen. Damit
war dann gleichzeitig erklärt, warum die mechanischen Erhaltungsgesetze eigentlich in keinem Falle strenge Geltung
haben. Es gibt eben keine irdischen Vorgänge, die von Umwandlungen mechanischer Energie in nichtmechanische Formen ganz frei sind, und deshalb gibt es keinen Fall, in welchem
die unter Annahme einer solchen Freiheit allein gültigen Gesetze strenge Anwendung finden. Nur bei den astronomischen
Erscheinungen sind die mechanischen Energien so außerordentlich groß und die Möglichkeiten zu deren Umwandlung
in andere Formen so gering, daß sie praktisch als rein mechanische Vorgänge aufgefaßt und dargestellt werden können[1]).

60. Welche von diesen beiden Auffassungsweisen den Vorzug verdient, kann uns nach den vorangegangenen Betrachtungen nicht zweifelhaft sein. Eine sachgemäße Abbildung
der physischen Erscheinungen erfordert, daß das abbildende
Material streng nach den Eigentümlichkeiten der Vorlage ge-
formt wird, und daß die Regeln, nach denen das Abbild betätigt wird, durchaus denen entsprechen, die sich an der Vorlage vorfinden. Versucht man aber, eine solche Nachformung
mittels eines Materials zu bewirken, welches selbst bereits
bestimmte Formeigenschaften hat, so bringt man fremd-
artige Beziehungen in das Ergebnis, die nicht in der Beschaffenheit der Vorlage liegen, sondern in der des Materials. In
dem vorliegenden konkreten Falle haben wir beispielsweise
folgendes: Zu dem Wesen der mechanischen Vorgänge gehört räumliche Bewegung. Ein Körper, der warm oder elek-
trisch geladen ist, zeigt aber darum keine Bewegung; um also
seinen Zustand mittels des mechanischen Denkmaterials beschreiben zu können, muß man ihm eine Bewegung andichten, und zwar, da man sie nicht sehen kann, eine un-
sichtbare. Eine jede Bewegung hat bestimmte Richtungen

---

[1]) Bereits bei den Kometen hört diese Möglichkeit auf.

und Geschwindigkeiten; man muß also weiter der nicht sichtbaren Bewegung gewisse Richtungen und Geschwindigkeiten
andichten und da man diese nicht nachweisen oder messen
kann, so entsteht das Problem, welches diese Bewegungen
sind und wie man sie bestimmen kann. Wie man erkennt,
ist dieses Problem gar nicht aus der Beschaffenheit der dar-
zustellenden Erscheinung heraus entstanden, denn diese kann
man, da sie keine Bewegung zeigt, ohne alle Rücksicht auf
den Begriff der Bewegung darstellen. Das Problem ist vielmehr nur aus der willkürlichen Annahme entstanden, daß
die nichtmechanische Erscheinung eine mechanische sei. Es
ist ganz und gar ein Scheinproblem, nach dem zutreffen-
den Ausdrucke von E. Mach.

So erklärt es sich, daß diese hypothetische Anpassungs-
arbeit niemals zu einem befriedigenden Ende gelangt, und
daß bisher noch alle mechanischen Hypothesen, die man
über die verschiedenen Arten der Energie aufgestellt hat,
früher oder später ihre Unzulänglichkeit erwiesen haben.
Dies ist daran erkennbar, daß gegenwärtig die mechanischen
Hypothesen in weiten Gebieten der Physik überhaupt aufgegeben worden sind. Man hat begonnen, sie durch elektrische zu ersetzen; wenn man aber das Schicksal der elektrischen Hypothesen in der Chemie betrachtet, so wird man
auch über deren Zukunft in der Physik sich keinen großen
Hoffnungen hingeben können.

61. Auf der anderen Seite steht nun die Auffassung Mayers,
die wir die energetische nennen wollen, da sie auf den
Begriff der Energie als den wesentlichen zurückgeht. Sie
stützt sich auf die grundlegende Tatsache, daß die Energien
wirklich verschieden sind, denn wären sie es nicht, so könnten
wir sie eben nicht unterscheiden. Es ist ja ganz wohl denkbar,
daß wir Dinge nicht unterscheiden können, die feiner organi-
sierte Wesen (die wir selbst durch die Ausbildung unserer
verfeinerten Beobachtungsinstrumente werden) als verschieden
erkennen. Es ist aber ausgeschlossen, daß Dinge, die wir
als verschieden erkennen, gleich sein könnten, denn alsdann
gäbe es offenbar keinen Grund, wieso sie auf unsere Sinnes-

organe verschiedenartig einwirken können, vergleichbare Zustände der letzteren natürlich vorausgesetzt. Also, wenn wir Wärme von lebendiger Kraft und Arbeit von Licht unterscheiden können, so können wir auch sicher sein, daß sie verschieden sind.

Somit ergibt es sich als Aufgabe der Wissenschaft, diese Verschiedenheiten mit der größten Schärfe und Bestimmtheit herauszuarbeiten, schon um eine zutreffende Darstellung der Wirklichkeiten zu gewinnen. Durch die Annahme, daß alle Energien mechanische seien, arbeiten wir dieser wissenschaftlichen Aufgabe direkt entgegen, denn wir verwischen die vorhandenen Verschiedenheiten, statt sie herauszuarbeiten, und wir bringen Besonderheiten in die Darstellung der zu untersuchenden Erscheinung hinein, die nicht in der Erscheinung selbst gegründet sind, sondern nur in unseren willkürlichen Zusätzen. Dies sind die Hypothesen, welche bereits Newton verwarf mit dem fürstlichen Wort „Hypothesos non fingo". Denn er erläutert alsbald, was er unter Hypothesen versteht: „Alles nämlich, was nicht aus den Erscheinungen folgt, ist eine Hypothese und Hypothesen, seien es nun metaphysische oder physische, mechanische oder die der verborgenen Eigenschaften, dürfen nicht in die Experimentalphysik aufgenommen werden. In dieser leitet man die Sätze aus den Erscheinungen ab und verallgemeinert sie durch Induktion." Es ist nicht möglich, zutreffender das Verfahren der Energetik zu kennzeichnen: sie leitet aus den Erscheinungen die Eigenschaften der verschiedenen Arten der Energie ab und verallgemeinert sie durch Induktion. Unter Induktion aber versteht man den Schluß aus der Übereinstimmung der bisher beobachteten Fälle auf ein gleiches Verhalten aller entsprechenden Fälle, die uns in Zukunft begegnen mögen. Seit der Entdeckung des Gesetzes von der Erhaltung der Energie ist die größere Hälfte eines Jahrhunderts vergangen, in welcher mehr Experimente und Messungen gemacht worden sind als in all den Jahrhunderten vorher: doch ist niemals eine Tatsache beobachtet worden, welche mit dem Erhaltungsgesetze nicht im Einklange

gewesen wäre. Selbst solche ganz außerhalb des Gebietes der
bisherigen Erfahrung liegende Fälle, wie z. B. die beständige
Wärmeentwicklung des Radiums, die in vollem Widerspruch
mit diesem Gesetze zu sein schienen, solange sie noch nicht
genauer bekannt waren, haben sich schließlich doch mit ihm
in Übereinstimmung bringen lassen und wir sind nicht einmal
genötigt gewesen, wie bei den meisten anderen Naturgesetzen,
einzelne Widersprüche der Zukunft mit der Hoffnung zu
übergeben, daß diese die erwünschte Aufklärung bringen wird.

62. So haben wir in der Entwicklungsgeschichte der
Energetik, die den Inhalt des gegenwärtigen Kapitels bilden
wird, Mayer als den ersten Energetiker anzusehen. Er betrachtet die Energie durchaus als ein reales Wesen und stellt
sie als solches neben die Materie, indem er beide durch das
Kennzeichen der Wägbarkeit unterscheidet (vgl. S. 53). Die
Annahme, daß Wärme etwa auch Bewegung sein könne, lehnt
er mit der Bemerkung ab: „Wir möchten vielmehr das Gegenteil folgern, daß, um zu Wärme werden zu können, die Bewegung aufhören müsse, Bewegung zu sein." Er statuiert
mit anderen Worten die Selbständigkeit der verschiedenen
Energiearten, die eine ebenso wichtige Tatsache ist, wie ihre
gegenseitige Verwandelbarkeit.

Demgemäß ist er auch der erste, der in seiner Haupt-
schrift eine Tabelle der bekannten Energiearten gibt. Wie-
wohl hier die Weiterentwicklung der Wissenschaft mancherlei
geändert hat, ist diese Tabelle wegen ihrer geschichtlichen
Merkwürdigkeit auf der nächsten Seite möglichst genau
(auch typographisch) wiedergegeben worden.

63. Ein weiteres Kennzeichen, durch welches sich Mayer
als ein echter Energetiker im modernen Sinne erweist, ist
seine Abneigung gegen Hypothesen. Hierüber schreibt er
an seinen Freund Baur das charakteristische Wort: „Eine
Hypothese ist nämlich, wenn ein Algebraist statt des x, das
er lösen soll, ein u setzt." Man kann nicht schlagender den
Charakter der Scheinerklärung kennzeichnen, der in der Sub-
stituierung eines möglichen Bildes anstelle einer unmittelbaren Wirklichkeit liegt, welche die Hypothesen bewirken.

| I. | Fallkraft | mechanische Kräfte, |
| II. | Bewegung | mechanischer Effekt. |

    A. *einfache.*

    B. *indulierende, vibrierende.*

IMPONDERABILIEN.

III.	Wärme
IV.	Magnetismus
	Elektrizität, Galvanischer Strom.

V.   **Chemisches Getrenntsein**
    gewisser Materien.

Chemisches Vorhandensein
gewisser andrer Materien.

chemische Kräfte.

Hierbei ist es allerdings nötig, einen Unterschied von neuem hervorzuheben, der von den zahlreichen Hypothesenfreunden, die es auch in der heutigen Wissenschaft gibt, immer wieder verwischt oder übersehen wird. Diese versäumen nämlich nicht, bei jeder Gelegenheit hervorzuheben, daß ja doch in der Aufstellung eines jeden Naturgesetzes die „Hypothese" liege, daß sich künftig die Dinge ebenso verhalten würden, wie sie sich in der Vergangenheit verhalten hatten, was wir doch nie beweisen, sondern immer nur annehmen können. Das ist unter allen Umständen zuzugeben; daraus aber folgt nur, daß wir in der Wissenschaft immer Annahmen gelten lassen müssen. Hypothesen aber sind Annahmen von der besonderen Beschaffenheit, daß wir sie nicht prüfen können, während wissenschaftliche Annahmen, die ich schon vor einigen Jahren Protothesen zu nennen vorgeschlagen habe, gerade die umgekehrte Eigenschaft besitzen, daß sie sich prüfen lassen.

Um also zu erkennen, was Hypothesen in dem Sinne
sind, in welchem Newton und Mayer sie als verwerflich
ansehen, braucht man nur zu untersuchen, auf welche Dinge
sie ihre Aussagen erstrecken. Behauptet man, die Elektrizität
bestehe in einer kreisförmigen Bewegung des Äthers oder
die Wärme in einer unregelmäßigen Bewegung der Atome,
so macht man eine Hypothese, denn diese Behauptung
läßt sich (wenigstens mit den gegenwärtigen Hilfsmitteln
der Wissenschaft) nicht prüfen und sie führt daher auch
zu keiner weiteren und besseren Kenntnis der Angelegenheit,
auf die sie sich bezieht. Dagegen führt sie auf eine Unzahl
von Scheinproblemen von der S. 94 gekennzeichneten Beschaffenheit und bildet in solcher Weise ein unmittelbares
Hindernis der Wissenschaft, weil sie zu einer zwecklosen
Vergeudung der für diese verfügbaren Energie Veranlassung
gibt. Mache ich dagegen die Annahme, daß ein soeben ent-
decktes neues Gas, dessen Gasnatur ich zunächst nur aus
seinem Aussehen erschlossen habe, den Gesetzen von Boyle
und Gay-Lussac folgt, mache ich eine Prothese und ich
kann sie prüfen, falls ich irgend eine Veranlassung habe, an
der Richtigkeit dieser Annahme zu zweifeln. Dabei bereichere
ich in jedem Falle die Wissenschaft, entweder durch den
Nachweis, daß auch dieser neue Stoff den allgemeinen Gas-
gesetzen gemäß sich verhält, oder durch den noch bemerkens-
werteren Nachweis, daß es einen Stoff gibt, der zwar wie
ein Gas aussieht, aber trotzdem den Gesetzen nicht folgt,
welche sonst für alle Gase als gültig befunden worden sind.

64. Muß man demnach Mayer als den ersten Energetiker
bezeichnen; wenn dieser auch, gemäß seinem Entschluß, den
Namen Kraft für diesen grundlegenden Begriff festzuhalten,
das Wort weder gebildet noch benutzt hat, so muß umgekehrt
gesagt werden, daß der erste, welcher das Wort gebildet hat
und auch einen gedanklichen Vorstoß in solchem Sinne versucht hat, doch nicht eigentlich selbst als Energetiker bezeichnet werden darf. Dieser Mann ist der englische Ingenieur John Marcquorne Rankine, der im Jahre 1855
eine Skizze einer von ihm Energetik genannten Wissenschaft

veröffentlichte, welche mittels einiger allgemeiner Prinzipien die gesamte Physik und Chemie umfassen sollte. In dieser Beziehung steht er also ganz auf dem Standpunkte Mayers, der in seiner Übersichtstabelle der „Kräfte" auch die chemischen Erscheinungen nicht vergessen hatte (S. 97). Was ihn aber wesentlich zu seinem Nachteile von Mayer unterscheidet, ist daß er ganz und gar bei der mechanistischen Hypothese von Joule und Helmholtz stehen bleibt und dadurch die wesentlichste Seite der eigentlichen Energetik, die Freiheit von Hypothesen, verfehlt.

Ein Nachbleibsel dieses ungenügenden Standpunktes ist bis auf den heutigen Tag in der wissenschaftlichen Nomenklatur des Gebietes erhalten geblieben, nämlich in der unzweckmäßigen Unterscheidung von aktueller und potentieller Energie, welche Rankine eingeführt hatte, und welche alsdann von Thomson und vielen anderen Schriftstellern des Gebietes wieder aufgenommen worden ist. Die Quelle dieser Unterscheidung liegt natürlich in der mechanistischen Hypothese. Dieser zufolge ist jede vorhandene Energie entweder lebendige Kraft oder Spannkraft. Um ein anschauliches Beispiel zu geben: eine bestimmte Masse hat entweder Spannkraft, insofern sie über den Erdboden erhoben ist und beim Fall Arbeit leisten kann, oder sie hat lebendige Kraft, indem sie die ihr zur Verfügung stehende Strecke durchfallen ist und die entsprechende Geschwindigkeit angenommen hat, oder endlich, ihre Energie besteht aus beiden Arten, solange der Fallraum noch nicht vollständig durchmessen und aufgebraucht ist.

Nun ist es schon ein bedenklicher Schritt, von diesen beiden Energiearten nur die lebendige Kraft als aktuelle, d. h. wirkliche Energie anzusehen, und die andere als bloß potentiell, d. h. möglich, aber nicht wirklich. Denn tatsächlich ist doch, gemäß dem Erhaltungsgesetze, eine jede Energie so wirklich, als wir uns nur eine Wirklichkeit denken können, und es ist unstatthaft anzunehmen, daß eine nicht wirkliche, als eigentlich nicht vorhandene Energie sich in eine wirkliche verwandeln könne und umgekehrt. Zweitens aber

ist es eine in weitestem Umfange unbewiesene Hypothese,
daß es außer diesen beiden mechanischen Energien überhaupt keine andere gäbe, und daß daher eine jede Energie,
der wir jetzt oder künftig in der Natur begegnen, notwendig
mechanische Energie sein müsse. Die Unzulänglichkeit dieses
Unterschiedes, der indessen auch in den neuesten Schriften
sich noch oft festgehalten findet, geht am deutlichsten daraus
hervor, daß für eine Anzahl wohlbekannter Energien, insbesondere die elektrische und magnetische, bis heute durchaus keine Einigkeit darüber besteht, welcher von beiden
Gruppen sie eigentlich zugehört. Dies zeigt, daß es kein
objektives oder sachliches Kennzeichen gibt, an dem man
erkennen könnte, ob eine Energie aktuell oder potentiell ist.
Daß man die Wärme meist als aktuelle und die chemische
Energie als potentielle ansieht, ist eine willkürliche Konven-
tion und es würde den Vertretern dieser Ansicht schwer fallen,
eine gegenteilige Behauptung zu widerlegen.

Der einzige Sinn, den man sachgemäß den Worten aktuelle
und potentielle Energie beilegen kann, ist der, daß als aktuell
eine augenblicklich vorhandene, als potentiell dagegen eine
Energie bezeichnet wird, die sich unter den vorhandenen Bedingungen aus der vorhandenen bilden kann. In solchem
Sinne ist in der gehobenen Masse Spannkraft oder Distanzenergie aktuell und Bewegungsenergie potentiell, während
nach dem Falle die Verhältnisse sich umgekehrt haben. Beim
Pendel ist in der Höhenlage die Distanzenergie aktuell, in
der Tiefenlage die Bewegungsenergie und während der
Schwingungen tauschen beide Energien beständig diese ihre
Charaktere.

65. Kann insofern den Gedanken Rankines, die übrigens
durchweg der Klarheit ermangeln, kein Wert für die Entwicklung der Energetik zugeschrieben werden, so erfordert
doch die Gerechtigkeit, auf einen anderen Gedankenansatz
hinzuweisen, der allerdings ihn gleichfalls nicht zu klaren
Ergebnissen führte, für die Folge aber doch von selbständiger
Bedeutung in anderen Händen wurde. Es ist dies die Beobachtung, daß die verschiedensten Energien übereinstimmend

sich als Produkt zweier Faktoren darstellen lassen, welche je charakteristisch verschiedene Eigenschaften haben. Diese Faktoren seien vorläufig als Intensitäten und Extensitäten bezeichnet und die fragliche Entdeckung besteht darin, daß immer je einer der beiden Faktoren der Energieart die Beschaffenheit einer Intensität, der andere die einer Extensität hat. Allerdings nimmt dieser Gedanke bei Rankine noch ziemlich bizarre Gestalten an; er hat sich aber später als ein sehr wichtiger und folgenreicher Baustein der allgemeinen Energetik bewährt.

Achtes Kapitel. Das Intensitätsgesetz.

66. Bereits Mayer hatte, wie wir gesehen haben, bezüglich des ersten Hauptsatzes die wesentliche Übereinstimmung in dem Verhalten der verschiedenartigen Energien erkannt und betont. Wenn auch der Schwerpunkt seiner ersten Veröffentlichung seiner eigenen oft ausgesprochenen Überzeugung gemäß in der Gleichung Arbeit = Wärme und der Berechnung des Koeffizienten, welcher die beiden in willkürlichem Maße gemessenen Werte aufeinander zu reduzieren ermöglicht, d. h. in der Ermittelung des mechanischen Wärmeäquivalents gelegen hat, so beweist doch bereits die S. 97 wiedergegebene Tabelle, daß er seine Gedanken keineswegs auf diese einzige Beziehung beschränkt, sondern alle anderen Energiearten als der Arbeit wie Wärme wesensgleich erkannt hat. Findet sich doch in der gleichen Arbeit über die organische Bewegung (deren Titel viel zu eng gewählt ist) ausdrücklich die Aufstellung der paarigen Beziehungen zwischen jeder Energieart und jeder anderen, nebst den entsprechenden Umwandlungstypen durchgeführt.

Es entsteht demgemäß die Frage, ob sich nicht auch eine ähnliche Verallgemeinerung mit dem Grundgedanken Carnots durchführen ließe. Darüber besteht kein Zweifel, daß Carnot selbst an eine derartige Verallgemeinerung nicht gedacht hat. Bestand doch zu seiner Zeit wegen der Unkenntnis des ersten

Hauptsatzes der Allgemeinbegriff der Energie überhaupt nicht und war von ihm selbst doch der wesentlichste Teil dieses Begriffes, der Umwandlungsgedanke, unbestimmt gelassen worden. So bedurfte es zunächst der Entwicklung des Energiebegriffes selbst, bevor die Frage nach der möglichen Erweiterung des Carnotschen Gedankens überhaupt gestellt werden konnte.

Zunächst schien es, als müßte eine solche Frage überhaupt verneint werden. Es ist bereits auf die weitgehenden Konsequenzen hingewiesen worden, welche William Thomson aus dem Entropiegesetz für das Bestehen unserer Welt gezogen hatte. Derartige Folgerungen waren durch die bis dahin bekannt gewesenen anderen physikalischen Gesetze nicht nötig geworden und es lag daher durchaus die Vorstellung nahe, als handele es sich um eine ganz besondere Eigenschaft der Wärme, die sich bei keiner anderen Energieart wiederfindet und welche in dem zweiten Hauptsatze ihren Ausdruck gefunden hatte.

Demgegenüber machten sich gelegentlich einzelne Stimmen geltend, welche auf zweifellos vorhandene Ähnlichkeiten mit anderen Energiearten hinwiesen. Die Bemerkung von Rankine über die Zerlegbarkeit der Energiewerte aller Art in je zwei Faktoren von besonderen Eigenschaften wurde bereits erwähnt. Viel klarer und nachdrücklicher wies Ernst Mach auf solche Ähnlichkeiten gewisser mit der Energie in naher Beziehung stehender Größen hin und zeigte die übereinstimmende Gestalt der entsprechenden Gleichungen in den verschiedensten Gebieten der Physik auf. Auch finden sich bei Mach die ersten Anwendungen eines Prinzips, das dem mechanischen Prinzip der virtuellen Arbeiten genau nachgebildet war und welches besagt, daß ein Gleichgewicht der verschiedenartigen, in einem Gebilde vereinigten Energiearten besteht, wenn bei einer virtuellen Veränderung des Gebildes die Summe der entstehenden und verschwindenden Energiemengen gleich Null ist. Doch scheint er dieses Prinzip nirgends allgemein ausgesprochen und als eine sachgemäße Erweiterung des zweiten Hauptsatzes der Thermodynamik dargestellt zu haben.

Ebenso ist Willard Gibbs als ein Forscher zu nennen, welcher alle von ihm betrachteten Energiearten gleichförmig als Produkte je zweier Faktoren erscheinen läßt. Ob er diese tatsächliche Unterscheidung des Charakters beider Faktoren auch begrifflich formuliert hat, oder ob dies Verdienst als erstem Clerk Maxwell gebührt, vermag ich nicht zu entscheiden[1]).

67. Die übereinstimmende Bezeichnung der Temperatur, des Druckes, der elektrischen Spannung, des chemischen Potentials und anderer Werte als der „Intensitäten" der betreffenden Energiearten deutet bereits allgemein darauf hin, daß ähnliche Eigenschaften, wie sie Carnot bei der Temperatur bemerkt hat, sich auch bei den anderen Intensitäten wiederfinden werden, daß insbesondere Energieumwandlungen (Energieübergänge im Sinne Carnots) nur dann stattfinden können, wenn Unterschiede solcher Intensitäten vorhanden sind, ebenso wie die Wärme nur dann Arbeit leisten kann, wenn Temperaturunterschiede vorhanden sind. Doch finde ich den ersten ganz allgemeinen Ausdruck dieser Eigenschaft erst bei Georg Helm in dessen „Lehre von der Energie, nebst Beiträgen zu einer allgemeinen Energetik"[2]) in den Worten: „Jede Energieform hat das Bestreben, von Stellen, in welchen sie in höherer Intensität vorhanden ist, zu Stellen von niederer Intensität überzugehen. Sie heißt ausgelöst, wenn sie diesem Streben folgen kann."

---

[1]) In den 1884 erschienenen „Principles of chemistry" von M. M. Pattison Muir finde ich S. 394 in einem Bericht über die Arbeiten von Willard Gibbs die folgende Stelle: „Die Beständigkeit eines Gebildes hängt ab von den Größen (magnitudes) des Gebildes, welche sind: die Mengen der Bestandteile, die Volume, die Entropien, sowie von den Intensitäten des Gebildes, nämlich dem Druck, der Temperatur und den Potentialen der Bestandteile." In der dort angeführten Abhandlung von W. Gibbs kann ich diese Darstellung nicht finden, und der gleichzeitig erwähnte Vortrag von Clerk Maxwell (South Kensington Conferences, 1876) ist mir nicht zugänglich. Es ist somit sehr wahrscheinlich, daß die hier in aller Klarheit durchgeführte Unterscheidung und Kennzeichnung der Energiefaktoren von Maxwell herrührt.

[2]) Leipzig 1887, S. 62.

Allerdings beantwortet dieser allgemeine Satz, dessen Bedeutung wir alsbald noch näher untersuchen wollen, die Frage nicht vollständig. Er gibt zwar die n o t w e n d i g e, nicht aber die z u r e i c h e n d e Bedingung an, unter welcher ein Energievorgang erfolgt, denn er gibt keine Aufklärung über den Unterschied zwischen ausgelöster und nichtausgelöster Energie. Diese wird sich erst später aus der Untersuchung über die Natur des anderen Energiefaktors ergeben. Zunächst müssen wir uns aber noch ein wenig mit den Eigenschaften der Intensitäten beschäftigen.

Zunächst erkennen wir, daß die Intensitäten gar keine Größen im gewöhnlichen Sinne sind. Für Größen gilt bekanntlich der Satz, daß, wenn zwei gleiche Größen zusammengefügt werden, die doppelte Größe entsteht. Wenn wir aber zwei gleiche Temperaturen zusammenfügen, d. h. zwei Körper gleicher Temperatur in gegenseitige Berührung bringen, so verdoppelt sich nicht etwa die Temperatur, sondern sie bleibt konstant.

Ja, wenn wir die Sache genauer untersuchen, so hat der Ausdruck: eine doppelt so große Temperatur gar keinen bestimmten Sinn. Man vermeidet instinktmäßig von der G r ö ß e einer Temperatur zu sprechen, man spricht lieber von ihrer Höhe. Bei den Höhen haben wir dasselbe: zwei gleiche Höhen geben nebeneinander die unveränderte Höhe, aber nicht die doppelte.

Aha, denkt hier der kritische Leser: jetzt haben wir dich! Wer heißt dich die Höhe n e b e n einander stellen; sie gehören ü b e r einander und dann ergeben sie auch die doppelte Höhe.

Ich antworte: Stelle mir einmal zwei Temperaturen übereinander! Ja, heißt die Antwort, dann müssen wir uns erst einmal darüber einigen, von wo wir die Temperaturen rechnen wollen. Denn das weiß ja jedermann, daß die gewöhnliche Rechnung, bei welcher der Schmelzpunkt des Eises als Nullpunkt dient, ganz willkürlich ist. Das in England und Amerika gebräuchliche Fahrenheit-Thermometer fängt ja tatsächlich die Zählung von einem ganz anderen Nullpunkte an, der

32 Fahrenheitgrade unter dem Eispunkte liegt. Wollte ich
in Celsiusgraden sagen, daß 20° doppelt so hoch ist, wie 10°,
so wäre das für Fahrenheit ganz falsch, denn 20° Celsius
ist 68° Fahrenheit und 10° Celsius ist 40° Fahrenheit, und
40 ist nicht die Hälfte von 68. Und wollte der gelehrtere
Opponent sagen: gut, dann zählen wir vom absoluten Nullpunkte ab, dann ist es einerlei, welche Skala wir wählen,
so hätte er bezüglich der Skala allerdings recht. Aber beim
absoluten Nullpunkte ist noch niemand gewesen und niemand
kann daher sagen, ob es eine solche Temperatur wirklich
gibt. Es liegt mit anderen Worten in jeder Art Temperatur-
zählung eine unvermeidbare Willkür bezüglich des Anfangs-
punktes, und daher hat die Anwendung des reinen Größen-
begriffes auf dieses Ding keinen bestimmten Sinn. Und mit
der Höhe ist es ebenso. Von wo soll man die Höhe rechnen?
Den Höhenpunkt selbst kann ich ganz wohl bezeichnen,
z. B. die Spitze des Blitzableiters auf meinem Hause. Will
ich aber die Höhe, etwa vom Erdboden angeben, so stoße
ich auf die Schwierigkeit, daß mein Haus auf einem Abhang
liegt und daher der Erdboden je nach dem gewählten Punkte
ganz verschiedene Höhenlagen ergibt. Und wollte ich etwa
vom Mittelpunkte der Erde ab rechnen, so stoße ich auf dieselbe Schwierigkeit, daß niemand dort gewesen ist, und wenn
ich ihn auch durch Rechnung erreichen kann, gerade wie
den absoluten Nullpunkt der Temperatur, so bleibt doch der
Einwand der Willkür bestehen, ganz abgesehen von dem Umstande, daß diese Rechnung viel ungenauer ist als die Höhen-
bestimmung jenes Punktes von einem beliebig gewählten
Punkte am Hause selbst oder am benachbarten Erdboden.

Ganz verschieden hiervon sind die eigentlichen Größen.
Wenn wir beispielsweise die Einheit der Masse festgestellt
haben, so macht die Angabe der Größe einer gegebenen Masse
nicht die geringste Schwierigkeit, denn alles, was über Massen
gesagt werden kann, ist durch die Größenangabe erschöpft.
Hälften wir eine Masse, so sind die beiden Hälften voneinander nicht verschieden, und die eine hat als Masse überall
genau die gleichen Eigenschaften wie die andere. Teilen wir

eine Höhe oder eine Temperatur, so behalten die Teilstücke
ihre Besonderheit, denn das eine Teilstück ist das höhere,
das andere das niedrigere. Beide Teilstücke lassen sich nur
an derselben Stelle zusammensetzen, an der sie geteilt sind;
alle andere Zusammensetzung ist sinnwidrig und unmöglich.

68. Nun stellt sich ganz allgemein heraus, daß die vorher
gekennzeichneten Intensitäten der verschiedenen Energien
diesen besonderen Charakter haben, daß man ihnen nur
unter besonderen, einigermaßen willkürlichen Voraussetzungen
Zahlen zuordnen kann, die nicht eigentlich ihre Größe angeben, sondern im wesentlichen die Ordnung, nach welcher
ihre einzelnen Werte aufeinander folgen.   Unter der bestimmten Voraussetzung, daß ihr Produkt mit dem anderen
Faktor der betreffenden Energie, der immer Größencharakter
hat, den Wert der Energie selbst (die gleichfalls von der
Beschaffenheit einer Größe ist) ergeben soll, kann man den
Intensitäten allerdings auch einen bedingten oder vermittelten
Größenwert zuschreiben.   Man hat dies in der Physik auch
von jeher unbewußt getan, so daß die Energetik in dieser
Beziehung an den vorhandenen Begriffen nicht viel zu ändern
gefunden hat.

Welche Eigenschaften kann man denn nun den Intensitäten zuschreiben? Zunächst die, daß, wenn zwei Intensitäten einer dritten gleich sind, sie auch untereinander gleich
sich erweisen. Dieser Satz ist nicht selbstverständlich, denn
er gilt allgemein nur für wahre Größen und muß für andere
Werte erst bewiesen werden.

Wie stellen wir nun fest, daß z. B. zwei Temperaturen
gleich sind, etwa die Temperatur eines Gefäßes mit Wasser
und die eines anderen Gefäßes mit Öl? Wir stecken ein
Thermometer in die eine Flüssigkeit, merken uns seinen
Stand, bringen es dann in die andere Flüssigkeit und sehen
nach, ob der Stand sich ändert. Tut er es nicht, so schreiben
wir beiden die gleiche Temperatur zu.

Hierbei haben wir bereits von jenem Gesetz Gebrauch
gemacht.   Wir haben zunächst das Thermometer in die eine
Flüssigkeit gebracht. Solange beider Temperaturen verschieden

waren, ist Wärme von dem einen ins andere übergegangen und demgemäß hat sich der Quecksilberfaden im Thermometer gehoben oder gesenkt; wenn er seinen Stand nicht mehr änderte, so haben wir angenommen, daß beide dieselbe Temperatur hatten. Das heißt, aus der Tatsache, daß Wärme überging (denn dies allein kann aus der Verschiebung des Quecksilberfadens im Thermometer geschlossen werden), erkannten wir erst, daß die Temperatur verschieden war, oder noch genauer gesagt, diese Tatsache benannten wir als Temperaturverschiedenheit. Man darf nicht etwa sagen, daß wir auch unabhängig davon die Temperaturverschiedenheit fühlen können. Was wir fühlen, ist auch nur der Wärmeübergang; darum erscheint uns ein kaltes Stück Eisen, wo der Übergang schnell erfolgt, kälter, als ein gleich kaltes Stück Holz mit langsamerem Übergange. Haben aber beide die Temperatur der Hand, d. h. erfolgt kein Übergang, so erscheinen sie auch gleich warm. Was wir nun aus dem Versuch mit dem Thermometer schließen, ist folgendes: findet zwischen dem Wasser und dem Thermometer einerseits und zwischen dem Öl und dem gleichbeschaffenen Thermometer andererseits kein Wärmeübergang statt, so wird auch keiner eintreten, wenn man Wasser und Öl miteinander in unmittelbare Berührung bringt. Hier ist es ganz klar, daß es sich um eine Tatsache handelt, die vielleicht auch anders sein könnte, und deren regelmäßiges Vorkommen erst erfahrungsmäßig festgestellt werden mußte. Tatsächlich ist dies Gesetz ganz allgemein, und es gilt in gleicher Weise für alle Intensitäten der verschiedenen Energiearten.

69. Schön, wird vielleicht der Leser denken, das mag immerhin so sein, aber wozu die lange Auseinandersetzung über eine so selbstverständliche Sache? Zur Antwort wollen wir uns einmal denken, daß es nicht so wäre. Wir hätten also beispielsweise zwei verschiedene Flüssigkeiten von der Eigenschaft, daß sie zwar miteinander im Wärmegleichgewicht stehen, daß sie aber einem dritten hineingebrachten Körper (z. B. einem Thermometer) verschiedene Temperaturen erteilen.

Dann nehmen wir statt des Thermometers eine kleine durch Wärme zu betreibende Maschine, etwa von der Art einer Dampfmaschine und bringen den Teil, der den Dampfkessel darstellt, mit der Flüssigkeit in Berührung, welche dem dritten Körper die höhere Temperatur gibt, und den Kühler mit der anderen Flüssigkeit; andererseits mögen beide Flüssigkeiten miteinander in unmittelbarer Berührung stehen. Dann muß unsere Maschine wegen des Temperaturunterschiedes ihrer beiden Teile gehen und Arbeit leisten. Für diese Arbeitsleistung muß die Maschine der ersten Flüssigkeit Wärme entnehmen und sie also abkühlen; der anderen Flüssigkeit wird sie einen Teil dieser Wärme, nämlich den nicht in Arbeit verwandelten, abgeben und diese also erwärmen. Zufolge dieses Unterschiedes wird aber die Wärme von der zweiten Flüssigkeit zur ersten übergehen, bis ihre Temperatur ausgeglichen ist; dies ermöglicht aber, daß die Maschine von neuem arbeiten kann, und so unbegrenzt weiter. Das ganze Gebilde würde beständig Wärme in Arbeit verwandeln und sich dabei entsprechend abkühlen, und dies beliebig weit unter der Anfangstemperatur oder unter der Temperatur der Umgebung. Man könnte also von der Umgebung die Wärme wieder zuführen und so würde schließlich alle Wärme der Welt in Arbeit verwandelt werden können.

Wir haben diesen Typus unmöglicher Maschinen bereits kennen gelernt (S. 75); es sind dies die Fälle, auf welche Carnot sein Gesetz gestützt hat. Nun muß man allerdings fragen, wie sich der Beweisgang Carnots gestaltet, wenn man seine falsche Voraussetzung aufgibt, daß die Wärmemenge, die durch die Maschine geht, sich nicht verändert. Es ist ja allerdings darauf hingewiesen worden, daß für den Beweis selbst dieser Irrtum nicht schädlich ist, da die unten austretende Wärmemenge nicht als wesentlich in Betracht kommt; immerhin hat man das Bedürfnis, sich völlige gedankliche Klarheit in dieser wichtigen Sache zu verschaffen.

Gesetzt, das Prinzip von Carnot sei nicht richtig und es wäre möglich, zwei vollkommene Wärmemaschinen mit verschiedener Nutzung zu konstruieren, so könnte man durch eine geeignete Verbindung beider Maschinen beliebig viel Wärme von der niedrigen Temperatur auf die höhere bringen und dadurch auch beliebig viel Arbeit erhalten. Diese Arbeit würde nicht aus nichts entstehen, sondern einen entsprechenden Verbrauch von Wärme bedingen. Die Wärme könnte aber aus der Umgebung in beliebiger Menge entnommen werden, denn unser Maschinenpaar bringt uns nach Bedarf Wärme niederer Temperatur auf höhere ohne irgend welchen Aufwand.

Wir hätten also eine Maschine, welche nicht den ersten Hauptsatz verletzt, wohl aber den zweiten, und welche dabei durchaus den praktischen Wert eines Perpetuum mobile hätte. Sie würde zwar nicht Arbeit aus nichts schaffen, wohl aber aus wertloser Wärme, die immer wieder durch den Verbrauch der erhaltenen Arbeit entstehen würde. Auch ein solches Perpetuum mobile ist erfahrungsmäßig nicht möglich. Wir nennen es ein Perpetuum mobile zweiter Art, da es den zweiten Hauptsatz verletzt, um es von einem solchen erster Art, das wider den ersten Hauptsatz handelt, zu unterscheiden. Daß ein Perpetuum mobile zweiter Art nicht möglich ist, drückt somit den wesentlichen Inhalt des zweiten Hauptsatzes aus.

Mit dieser Form des zweiten Hauptsatzes stehen nun die eben angestellten Betrachtungen über die Eigenschaften der Temperatur in unmittelbarem Zusammenhange und unser „selbstverständliches" Temperaturgesetz nimmt plötzlich eine unerwartete Perspektive an: seine Verletzung würde nichts weniger bedeuten, als die Aufhebung des zweiten Hauptsatzes, d. h. die Aufhebung eines Gesetzes, das ebenso allgemeingültig sich bisher erwiesen hat wie das Gesetz von der Erhaltung der Energie.

70. Man erkennt alsbald, daß ein ganz gleiches Gesetz für jede andere Intensität gilt. Allgemein kann man sagen, daß, wenn zwei Gebilde einzeln mit einem dritten bezüglich einer bestimmten Energieart im Gleichgewicht sind, sie es auch untereinander sein müssen, falls nicht ein Perpetuum mobile zweiter Art möglich sein sollte.

Diese Betrachtungen lassen die überaus einfachen Beziehungen erkennen, welche dem zweiten Hauptsatze der Energetik zugrunde liegen. Durch die etwas ungewohnte mathematische Form, in welcher er zuerst von Clausius aufgestellt wurde, und durch die wenig übersichtlichen Rechenoperationen, deren Vermittelung erforderlich war, um die wichtigen Ergebnisse zu erhalten, zu denen er führte, ist der zweite Hauptsatz in den Ruf ganz besonderer Schwierigkeit und Unverständlichkeit gekommen, im Gegensatz zu dem so überaus durchsichtigen ersten Hauptsatz. Faßt man aber den sachlichen Inhalt des zweiten Satzes in die kurze Formel zusammen: ruhende Energie setzt sich nicht aus eigenem Antrieb in Bewegung, so nimmt er beinahe die Form einer Trivialität an. Ruhende Energie ist eben solche, die sich nicht in Bewegung setzt, und ein anderes Kennzeichen haben wir ja überhaupt nicht für ruhende Energie; der Satz sagt also nicht mehr als daß, wenn die Energie einmal wirklich zur Ruhe gekommen ist, sie auch nun wirklich und dauernd ruht. Mit anderen Worten: haben einmal die zeitlichen Veränderungen an irgend einem Gebilde aufgehört, so haben sie auch für immer aufgehört, solange ihm keine Energie von außen zugeführt wird.

Neuntes Kapitel. Die materiellen Faktoren.

71. Durch das eingehendere Studium der Eigenschaften, welche den Intensitätsgrößen der verschiedenen Energien gemeinsam zukommen, haben wir uns eine Anschauung von den treibenden Tendenzen alles Naturgeschehens bilden können. Da niemals ein Energieübergang stattfindet, wenn nicht Unterschiede von Intensitätsgrößen die dazu nötige Voraussetzung bilden und andererseits kein physisches Geschehnis (über die psychischen Geschehnisse werden wir später handeln) stattfindet, ohne daß irgend ein Energieübergang ihn kennzeichnet, so ist in der Tat die Antwort auf die Frage: wann findet ein Energieübergang statt? auch eine Antwort auf die Frage:

wann geschieht etwas? Die notwendige Bedingung haben
wir in dem Vorhandensein eines Intensitätsunterschiedes erkannt; um nun auch die zureichende Bedingung zu finden,
müssen wir uns zunächst mit den anderen Faktoren der
Energie näher bekannt machen.

Diese anderen Faktoren haben mancherlei Namen erhalten.
Wir haben sie vorher, um den Gegensatz gegen die Intensitäten besonders hervortreten zu lassen, Extensitäten genannt. Außerdem sind diese Größen Quantitätsgrößen
und Kapazitätsgrößen der Energie genannt worden, so daß
man ein wenig in Verlegenheit gerät, welchen von den Namen
man wählen soll. Denn diese Mannigfaltigkeit ist ein Ausdruck dafür, daß keiner der vorgeschlagenen Namen eine ganz
befriedigende Anschauung von der Besonderheit dieser Größen
vermittelt hat. Vielleicht gelingt dies durchdie neue Bezeichnung, die an den Kopf dieses Abschnittes gestellt worden ist.
Sie ist nicht so gemeint, daß sie zu den bereits bestehenden
Namen noch einen neuen, konkurrierenden ins Feld führen
soll, sondern so, daß sie auf einen Punkt hinweist, den anzu-
stellenden Betrachtungen alsbald eine ausgesprochene Richtung
gibt. Im übrigen mag man den indifferentesten der älteren
Namen, Extensitätsgrößen, für allgemeine Zwecke beibehalten.

Materielle Faktoren nenne ich die fraglichen Größen
deshalb, weil durch sie der alte Begriff der Materie bedingt
wird. Schon vor zwölf und mehr Jahren habe ich meine
Überzeugung dahin ausgesprochen, daß nicht Energie und
Materie gleichgeartete und gleichberechtigte Begriffe sind.
Sondern der Begriff der Materie hatte sich gebildet, bevor
der der Energie bekannt war, und er hat daher Bestandteile
in sich aufgenommen, welche diesem letzteren wesentlich
angehören. Nimmt man die erforderliche Übertragung vor,
so wird der Begriff der Materie mehr und mehr aufgelöst
und die übrigbleibenden Reste erweisen sich als die
Extensitätsfaktoren der vorhandenen Energien.

72. Was nun die nähere Kennzeichnung dieser Faktoren
anlangt, so ist bereits mehrfach hervorgehoben worden, daß
es sich um Größen im engeren Sinne handelt, d. h. um solche

Dinge, die beliebig geteilt und zusammengefügt werden können, ohne daß irgend welche bestimmte Bedingungen oder Besonderheiten für diese Operationen bestehen. Sie sind unbedingt addierbar. Von den Intensitäten ist soeben gezeigt worden, daß sie dies nicht sind. Infolgedessen ist es auch äußerst leicht, die Extensitätsfaktoren zu messen. Man wählt irgend ein Stück von ihnen als Einheit und fügt so viele Einheiten zusammen, bis ihre Gesamtheit dem zu messenden Werte gleich ist. Ist die Einheit ein zu grobes Maß, so bildet man entsprechend kleinere Einheiten, am einfachsten solche, die 1/10, 1/100, 1/1000 usw. der ursprünglichen Einheit betragen.

Nehmen wir als Beispiele die Masse, den Extensitätsfaktor der Bewegungsenergie. Zwei Massen sind gleich, wenn sie infolge der gleichen Arbeit gleiche Geschwindigkeiten annehmen. Hat man also irgendeine willkürliche Masse (z. B. das Kilogramm des Pariser Maß- und Gewichtsamtes) als Einheit gewählt, so kann man jede andere Masse darauf untersuchen, ob sie dieser Einheit gleich ist, und kann beliebig viele Kopien der Einheit herstellen. Bestimmen wir eine andere, kleinere Masse so, daß 1000 unter sich gleiche derartige Massen gleich der Normalmasse sein sollen, so erhalten wir eine 1000 mal kleinere Einheit (im angegebenen Falle das Gramm) und in solcher Weise lassen sich beliebig verkleinerte Untereinheiten herstellen, wegen deren Definition nicht die geringste Schwierigkeit oder Unklarheit besteht. Das gleiche gilt für Volume, Strecken, Flächen, Elektrizitätsmengen, chemische Stoffmengen, Gewichte usw., welche alle Extensitätsgrößen entsprechender Energien sind.

73. Um nun mit diesen Begriffen vertrauter zu werden, wollen wir statt einer dürren Aufzählung der verschiedenen Energiearten und ihrer Faktoren unmittelbar die energetischen Elemente der alltäglichen Erfahrung untersuchen, wobei wir uns überzeugen werden, wie die Idee der Materie durch ganz bestimmte physikalische Eigentümlichkeiten unserer Welt entstanden ist. Wir betrachten zu diesem Zweck irgendeinen beliebigen Gegenstand, etwa das Stück Glas, das uns als Briefbeschwerer dient.

Wir nennen dies Stück zunächst einen festen Körper, womit wir ausdrücken, daß es seine Größe und Gestalt beibehält, solange nicht sehr erhebliche Arbeiten aufgewendet werden, um es zu zertrümmern. Wir wissen allerdings, daß diese Unveränderlichkeit der Gestalt nicht unbedingt ist, denn wenn wir es einem allseitigen Druck unterwerfen, so wird es seinen Raum um einen allerdings sehr geringen, aber doch meßbaren Betrag verringern. Läßt man mit dem Druck nach, so nimmt es seinen früheren Raum wieder ein.

Hier haben wir die erste Energieart, die unserem Körper zukommt. Wir nennen sie Volumenergie, weil sie sich mit dem Volum des Körpers ändert. Denn um das Volum zu ändern, müssen wir Arbeit aufwenden, und wenn der Körper sein früheres Volum wieder einnimmt, so gibt er ebensoviel Arbeit aus, als er vorher aufgenommen hatte. Beim festen Körper ist dies, wie bemerkt, sehr schwer zu beobachten; bei Gasen aber, die gleichfalls Volumenergie besitzen, erfolgt für eine gegebene Änderung des Druckes eine sehr viel größere Änderung des Raumes und dort sind uns diese Verhältnisse ganz geläufig. Als Intensitätsgröße dieser Energieart erkennen wir alsbald den Druck. Denn fügen wir zwei Gebilde gleichen Druckes (z. B. zwei Gase, die unter dem gewöhnlichen Atmosphärendruck stehen) zusammen, so haben beide nicht etwa den doppelten Druck, sondern ihr Druck läßt sich gegenseitig unbeeinflußt. Ebenso deutlich läßt sich das Volum als Extensitätsgröße erkennen, denn zwei gleiche Volume, zusammengefügt, ergeben das doppelte Volum, denn Volume lassen sich unbeschränkt addieren und werden durch eine willkürliche Einheit (in der Wissenschaft das Kubikzentimeter) gemessen. Jede Änderung, die wir an dem Volum unseres Glaskörpers hervorrufen wollen, bedingt einen entsprechenden Energie- oder Arbeitsaufwand und zwar ebenso, wenn wir das Volum vergrößern, wie wenn wir es verkleinern. Der Gehalt des Körpers an Volumenergie ist somit bei dem sogenannten natürlichen Zustande des Körpers ein Minimum, denn jede Abweichung von diesem Zustande ist nur unter Zufügung von Energie möglich. Dies ist

beiläufig ein allgemeines Kennzeichen der Gleichgewichts-
zustände.

74. Neben dieser Volumenergie, welche ihm die Erhaltung
des eingenommenen Gesamtraumes sichert, besitzt unser Glas-
körper aber auch noch eine Eigenschaft, welche ihm die Erhaltung seiner bestimmten Gestalt sichert. Wiederum nicht
in solcher Art, daß er seine Gestalt unbedingt und absolut
beibehält, sondern so, daß er sie nur dann ändert, wenn eine
bestimmte Arbeit aufgewendet wird. Da ein fester Körper
seine Gestalt ändern kann, ohne sein Volum zu ändern, so
liegt hier eine unterschiedliche, wenn auch ähnliche Art
Energie vor, welche wir gemäß dem eben angegebenen Kennzeichen seine Formenergie nennen wollen. In der Physik
ist diese Eigenschaft als Elastizität bekannt. Der Extensitätsfaktor dieser Art Energie ist hier gleichfalls durch die
räumlichen Abmessungen gegeben; während aber das Volum
der Volumenergie durch eine einfache Zahl ausreichend bestimmt ist, falls die Einheit bekannt ist, so sind bezüglich
der Formenergie die räumlichen Richtungen wesentlich, in
denen die Verschiebungen geschehen. Jeder Verschiebung
um die Längeneinheit in einer bestimmten Richtung entspricht
ein besonderer Wert der Arbeit, aber der doppelten Verschiebung in derselben Richtung (innerhalb gewisser Grenzen) auch die doppelte Arbeit. Diese Verschiebungen sind
also die Extensitäten, während die zugehörigen Kräfte die
Intensität der elastischen oder Formenergie messen. Es ist
hier nicht der Ort, auf die recht verwickelten Verhältnisse
dieser Energieart (welche übrigens durch die Theorie der
Elastizität längst klargestellt sind) näher einzugehen, da
für das allgemeine Verständnis die Kenntnis der Grundzüge
genügt.

Die Fähigkeit und Bereitwilligkeit der festen Körper,
Formenergie aufzunehmen, ist von entscheidender Bedeutung
für deren Verwendung in allen möglichen Geräten und Hilfsmitteln unseres täglichen Lebens. Gewöhnlich betrachten
wir die festen Körper als vollkommen starr und nehmen an,
daß sie unter dem Einfluß von Kräften keine Formänderungen

erfahren. Dann aber macht das Verständnis irgendeines einfachsten Apparates, z. B. eines Hebels, die größten Schwierigkeiten. Durch einen Hebel wird eine kleine Kraft in eine große verwandelt, indem gleichzeitig die entsprechenden Wege sich im umgekehrten Verhältnisse verändern. Wie kommt ein absolut starrer, d. h. unveränderlicher Körper dazu, die vorhandene Energie derart zu ändern und umzuwandeln? Die klassische Mechanik muß diese Frage unbeantwortet lassen und nur eben sagen: ein starrer Körper ist ein Apparat, der solche Umwandlungen bewirkt. Erkennen wir aber, daß es einen absolut starren Körper nicht gibt, so sehen wir alsbald, wie die an einem Ende des Hebels tätige Kraft zunächst elastische Arbeit leistet, indem sie den Hebel biegt, und die dadurch hervorgerufenen elastischen Kräfte halten nicht nur einander in der ganzen Erstreckung des Hebels in jedem Punkte im Gleichgewicht, sondern auch der am anderen Hebelarme wirkenden Kraft. So sehen wir die Energie sich von Punkt zu Punkt durch unsere ganze Maschine übertragen und verstehen, wie die an einem Ende in den Hebel hineingebrachte Energie sich am anderen Ende wieder herausnehmen läßt. Ganz das gleiche findet statt, wenn die Kolbenstange der Dampfmaschine die im Zylinder aufgenommene Arbeit auf die Kurbel der Schwungradwelle überträgt usw.

So hat also die Formenergie die Bedeutung eines überaus allgemein anwendbaren Energieüberträgers, welcher uns gestattet, die an irgendeinem bestimmten Orte entwickelte mechanische Arbeit an eine andere Stelle, nach vorbestimmter Richtung und in vorbestimmtem Umwandlungsverhältnis, zu befördern. Aber dies ist nur ein Teil ihrer Bedeutung. Wäre sie nicht vorhanden, so müßte augenblicklich unser Leben aufhören. Wenn es nämlich keine Arbeit kostete, die Gestalt der Körper zu ändern, so würden diese überhaupt keine bestimmte Gestalt haben und alles wäre flüssig. Denn Flüssigkeiten sind gerade dadurch gekennzeichnet, daß sie zwar Volumenergie, dagegen keine (oder vielmehr nur eine verschwindend kleine) Formenergie besitzen. Letztere ist ihrerseits das Kennzeichen der festen Körper.

75. Durch diese Betrachtung erkennen wir auch alsbald,
wie wir überhaupt zu dem Begriffe eines Körpers gekommen
sind. Gäbe es nur Gase, die niemals scharfe Grenzen gegen-
einander haben und denen keinerlei Formenergie zukommt,
so wäre überhaupt keine Gelegenheit vorhanden, die Vorstellung von einem zusammenhängenden und dadurch indi-
vidualisierten Gebilde zu entwickeln. Bei Flüssigkeiten ist
eine solche Möglichkeit zwar nicht ausgeschlossen, aber doch
gering. Erst durch die Formenergie und die entsprechende
Erhaltung einer räumlich abgegrenzten Energiemenge, die
eben dadurch verselbständigt erscheint und von anderen, ähnlichen Energiemengen unterscheidbar wird, gewinnt der Körper-
begriff überhaupt erst seine Grundlage. Allerdings erschöpft
die Formenergie nicht alles, was wir unter einem Körper
zu verstehen pflegen. Da aber alles, wovon wir wissen, nur
in Kenntnissen über Energieverhältnisse besteht, so können
wir nichts anderes erwarten, als daß die übrigen Elemente
des Begriffes Körper und Materie sich gleichfalls als Energien
bzw. ihren Faktoren darstellen werden.

Zunächst ist unser Körper allerdings noch ein einigermaßen hohles und inhaltarmes Gebilde. Er besitzt weder
Masse noch Gewicht, noch die chemischen Eigenschaften, ohne
welche uns keine Körper bekannt sind. Aber wir begreifen
alsbald, daß er wenigstens Gewicht haben muß, wenn wir
überhaupt etwas von ihm wissen wollen. Denn ein Gebilde
ohne Gewicht würde sich überhaupt nicht auf der Erde auf-
halten, sondern sich durch jeden Stoß alsbald in Bewegung
setzen lassen, um die Erde zu verlassen. Wenn es also
begrenzte, mit Formenergie behaftete Gebilde gibt, so
müssen diese auch Gewicht haben, wenn sie überhaupt
einen Gegenstand unserer Erfahrung bilden sollen. Wir
haben kein Recht zu behaupten, daß jedesmal Formenergie
und Gewicht vereinigt sein müssen; wohl aber dürfen wir
behaupten, daß wir von ersterer nur dann etwas erfahren
können, wenn auch Gewicht dabei ist.

76. Läßt sich das Gewicht gleichfalls mit dem Energiebegriff in Verbindung setzen? Die Antwort muß zweifellos

ja lauten; haben wir doch gesehen, daß für J. R. Mayer gerade die Beziehung zwischen „Fallkraft" und Wärme das erste und wichtigste Beispiel der Energieumwandlung war. Es gibt also eine Schwereenergie oder Gravitationsenergie, und ihre Faktoren lassen sich leicht erkennen. Als Extensität erkennen wir alsbald die Gewichtsmenge, die Größe, die wir nach Kilogrammen und Grammen messen, wenn wir uns Nahrungsmittel, Brennmaterial oder Stoffe aller Art kaufen. Denn diese Größe ist unbeschränkt addierbar, wie es uns die tägliche Erfahrung lehrt. Und als Intensität erkennen wir die Höhe, zu welcher das Gewicht gehoben wird, denn das Produkt aus Gewicht und Hubhöhe stellt die Arbeit beim Heben der schweren Körper dar. Allerdings sagt uns die genauere Theorie, daß dies nur für kleine Erhebungen über der Erdoberfläche gilt, denn bei größeren Höhen ist die Arbeit nicht mehr der Höhe genau proportional, sondern nimmt langsamer zu als diese. Indessen ist auch die Theorie dieser Verhältnisse genau ausgearbeitet, und wir besitzen im Gravitationspotential die genaue Funktion, welche angibt, wie die Arbeit mit steigender Höhe zunimmt. Aber das Kennzeichen der Intensitätsgrößen macht sich alsbald wieder erkennbar: zwei Körper gleicher Höhe vereint geben dieselbe Höhe und das gleiche gilt vom Potential.

Während also bei der Formenergie Arbeit damit verbunden war, wenn die Gestalt geändert wurde und dies die zureichende Ursache dafür war, daß die Körper nach erlangtem Gleichgewicht der Formenergie ihre Gestalt beibehielten, so ist bei der Gravitationsenergie Arbeit damit verbunden, daß das Gebilde von der Erdoberfläche entfernt wird, und das ist wiederum die zureichende Ursache dafür, daß es auf der Erdoberfläche bleibt, wenigstens solange nicht andere mechanische Energie zugeführt wird, welche jene Arbeit bestreiten kann.

Die gewöhnliche Auffassung dieser Erscheinungen ist die, daß von der Erde eine „Kraft" ausgeht, welche den schweren Gegenstand „anzieht" und ihn dadurch veranlaßt, zu fallen, wenn er sich ununterstützt oberhalb der Erdoberfläche befindet. Es ist bekannt, welche großen Denkschwierigkeiten

diese Auffassung bereits zu der Zeit gemacht hat, wo sie
aufgestellt worden war, und ebenso, daß diese Schwierigkeiten
bis auf den heutigen Tag nicht überwunden worden sind.
Sie rührten daher, daß Newton, entsprechend der Entwicklung
der Wissenschaft seiner Zeit, den Begriff der Kraft in den Vordergrund stellte. Galilei hatte gezeigt, daß durch die Annahme
einer konstanten Schwerkraft sich die Fallerscheinungen an
der Erdoberfläche sachgemäß darstellen lassen. Newton zeigte
seinerseits, daß auch die astronomischen Bewegungen sich
darstellen lassen, wenn man die Kraft nicht als konstant,
sondern als veränderlich mit dem umgekehrten Quadrat der
Entfernung ansieht. An der Zweckmäßigkeit der Begriffsbildung „Kraft" selbst zu zweifeln, ist ihm anscheinend überhaupt nicht in den Sinn gekommen. So hat er sich denn
auch geweigert, auf die physische Bedeutung seines Kraft-
begriffes einzugehen und hat sich später auf theologische
Betrachtungen zurückgezogen.

Für uns steht im Gegensatz hierzu nicht der Begriff der
Kraft, von dem man die heimliche Vorstellung der greifen-
den und ziehenden Hand nicht leicht ganz entfernen kann,
im Vordergrunde, sondern der der Arbeit. Die Entfernung
eines Teils der Erdkruste, etwa eines Steines, von der Ober-
fläche ist eine Deformation oder Umgestaltung, ebenso wie
das Biegen einer elastischen Feder oder das Zusammen-
drücken eines Gases. Den Raum haben wir als das Betäti-
gungsgebiet der Energien auffassen gelernt; es kann uns
daher nicht wundernehmen, daß neben der Volum- und
Formenergie, die den dreidimensionalen Raum erfüllt, auch
noch eine Oberflächenenergie (von der bald die Rede sein
soll) und eine lineare oder Distanzenergie besteht, welche
sich in den Gravitationswirkungen geltend macht. Daß bei
jenen Energien noch ein räumlicher Zusammenhang des von
der Energie erfüllten Gebietes geltend macht, während dieser
im letzteren Falle fehlt, liegt gerade in dieser räumlichen
Beschaffenheit selbst begründet, denn während uns ein physischer Volumzusammenhang und ein physischer Flächen-
zusammenhang anschaulich ist, können wir uns einen linearen

Raumzusammenhang nicht vorstellen, da die dünnsten Fäden, die wir uns denken mögen, doch immer körperhafte Beschaffenheit haben und keine Linien sind.

77. Als dritte Haupteigenschaft neben Raum und Gewicht, die man der sogenannten Materie zuschreibt, ist die Masse zu nennen. Allerdings pflegen unsere Schulbücher uns meist einen ungenauen Begriff von dieser Größe zu vermitteln, indem sie sie mit dem Gewicht in einen nicht sachgemäßen Zusammenhang bringen. So soll hier wiederholt werden, daß man unter der Masse die Eigenschaft der Körper versteht, Bewegungsenergie annehmen zu können (S. 34). Werfen wir mit dem gleichen Aufwande von Muskelarbeit verschiedene Körper, so werden sie verschiedene Geschwindigkeiten annehmen. Wir schreiben dem Körper die größere Masse zu, der die kleinere Geschwindigkeit unter diesen Umständen annimmt, doch ist die Masse nicht etwa umgekehrt proportional der Geschwindigkeit zu setzen, sondern umgekehrt proportional dem Quadrat der Geschwindigkeit. Mißt man andererseits die Arbeiten, welche zur Erzielung der gleichen Geschwindigkeit erforderlich sind, so erweist sich die Masse jedes Körpers proportional dieser Arbeit.

Wie man sieht, hat diese Begriffsbestimmung nichts mit dem Gewicht oder dem Volum des Körpers zu tun, denn die Eigenschaft der Masse kommt überhaupt erst in Frage, wenn der Körper in Bewegung versetzt wird. Allerdings lehrt nun die Erfahrung, daß das Gewicht der Körper ihrer Masse proportional ist, so daß, entsprechend den eben gegebenen Definitionen, die verschiedenen Körper beim Fall durch gleiche Strecken gleiche Geschwindigkeiten annehmen. Damit dies geschieht, müssen nämlich, wie bemerkt, die Arbeiten proportional den Massen sein. Tatsächlich sind die Arbeiten bei gleichen Höhen proportional den Gewichten, und da gleiche Geschwindigkeiten erzeugt werden, so müssen die Massen proportional den Gewichten sein. Gerade dieser enge, erfahrungsmäßige Zusammenhang hat es schwer gemacht, die sachliche Verschiedenheit der beiden Größen, Maße und Gewichte, auseinander zu halten.

Es bedarf indessen für unsere energetische Auffassung noch der Erklärung, weshalb Maße und Gewicht immer an denselben Gebilden vorkommen. Denn wenn sie voneinander unabhängig sind, so sollten sie sich auch räumlich voneinander getrennt vorfinden lassen.

Die Antwort ergibt sich ähnlich, wie die Antwort auf die Frage, warum Volum- und Schwereenergie immer zusammen vorkommen: weil wir nämlich Gebilde, in denen keine Masse zukäme, gar nicht auf der Erde beobachten könnten. Denken wir uns einen Körper, der, ohne seine sonstigen Eigenschaften zu ändern, eine immer kleinere Masse annehme. Er würde bei gleich starken Stößen eine immer größere und größere Geschwindigkeit annehmen. Hätte er schließlich die Masse Null, aber dabei noch Formenergie (und wenn man will auch Schwereenergie), so würde er beim leisesten Stoß eine unendlich große Geschwindigkeit annehmen, d. h. er würde wiederum sich jeder Handhabung und Beobachtung entziehen. Wir erkennen also, daß die Dinge unserer physischen Welt, d. h. die Raumteile unserer Erfahrung, die sich von ihrer Umgebung verschieden verhalten, notwendig mit diesen beiden Energien: Schwereenergie und Bewegungsenergie, gleichzeitig behaftet sein müssen, um überhaupt Gegenstände unserer Erfahrung bilden zu können. Die Formenergie ist dazu nicht unbedingt erforderlich, da wir auch flüssige und gasförmige Körper kennen, die keine Formenergie enthalten. Doch enthalten sie beide noch Volumenergie, und diese ist gleichfalls für die Wirklichkeit, d. h. die Anwesenheit der Dinge in unserer äußeren Erfahrung notwendig, da sonst diese Dinge keine Bestandteile unseres Raumes bilden würden.

78. Wir sehen hieraus, daß die energetische Betrachtung uns unsere Welt als eine Welt für uns erkennen läßt. Sie läßt die Möglichkeit offen, daß ganz anders geartete Welten für Wesen existieren mögen, welche selbst unter anderen energetischen Bedingungen leben. Insofern hat also Kant recht, wenn er mit dem größten Nachdruck hervorhebt, daß wir die Welt nur so kennen, wie sie uns erscheint, nicht aber, wie sie „ist". Aber insofern hat er ebenso zweifellos

unrecht, als er jede Möglichkeit abstreitet, die Welt „an sich" zu erkennen. Die elektrische und magnetische Welt „erscheint" uns überhaupt nicht, weil wir keinen Sinn besitzen, der uns diese Welt unmittelbar offenbart. Ihre ganze Existenz für uns beruht auf mittelbaren Schlüssen, die wir aus gewissen anderen Erscheinungen gezogen haben, die innerhalb unserer Sinnessphären verlaufen. Diese besonderen Bewegungs- und Wärmeerscheinungen haben wir unter dem Begriffe der elektrischen und magnetischen Energie zusammengefaßt, und wir finden unser völliges Auskommen mit dieser Begriffsbildung. Ein Zeugnis hierfür bieten die riesigen elektrischen Anlagen dar, mit denen wir unsere Städte ausstatten. Die ungeheuren Energiemengen, welche hier in Betrieb gesetzt werden, eilen alle genau in ihren vorgeschriebenen Wegen hin und her und wir kennen das „Wesen" dieses Dinges, welches nur mittelbar eine „Erscheinung" ist, so genau, daß wir bis ins kleinste die neue Anlage vorausberechnen können und ohne jedes Schwanken davon überzeugt sind, daß sie genau der Vorausberechnung gemäß funktionieren wird.

Wir werden aus diesen Betrachtungen also schließen dürfen, daß die „wirkliche" Welt vermutlich sehr viel reicher und mannigfaltiger sein mag als unsere Welt, daß aber die letztere einen ganz bestimmten, gesetzmäßigen Ausschnitt aus der „Welt an sich" bildet. Denn der einzige Sinn, den wir mit dem letzteren Ausdruck verbinden können, ist der, daß die Welt an sich den Inbegriff aller möglichen Beziehungen zwischen allen möglichen Gebilden darstellt. Wir selbst und unsere Beziehungen sind jedenfalls mögliche, denn sie sind wirkliche, und somit bilden wir mit unseren Beziehungen sicher einen Teil der Wirklichkeit. Über diesen Teil geht unsere Kenntnis allerdings nicht hinaus; aber gerade das Beispiel der Elektrizität und des Magnetismus zeigt uns, daß durch die allgemeine Entwicklung der menschlichen Kenntnisse auch unser Weltbild sich beständig erweitert.

Es ist noch ein Wort darüber zu sagen, daß die Eindrücke der Außenwelt sich durch die Beschaffenheit unserer Sinnesorgane in besonderer Weise färben, und daß diese besondere

Weise nicht den „Dingen an sich" angehört, sondern eben
unserer persönlichen Beschaffenheit. Dies ist wiederum richtig. Nicht richtig aber wäre die Annahme, daß durch diesen
Umstand die Beschaffenheit der Außenwelt bis zur Unerkenn-
barkeit entstellt würde. Um zu verstehen,. was verändert
wird und was unverändert bleibt, betrachten wir irgendeinen
Apparat, welcher in seiner Sprache das wiedergibt, was auf
ihn von außen einwirkt; beispielsweise ein Galvanometer, das
mit einer Thermosäule verbunden ist, deren Temperatur-
änderungen es angibt. Zwischen der Wärme, die auf die
Säule wirkt, und den Bewegungen der Galvanometernadel
(oder gar des Lichtstreifens bei der Anordnung mit Lampe
und Spiegel) ist anscheinend nicht die mindeste unmittelbare
Ähnlichkeit vorhanden. Dennoch wissen wir, daß ein Stärker-
oder Schwächerwerden der Wärmewirkung durch eine Zu-
oder Abnahme des Galvanometerausschlages dargestellt wird,
und daß somit alle zeitlichen Rhythmen jenes Vorganges ihrer
Stärke und Ordnung nach sich auf den beobachtenden Apparat
ganz ebenso übertragen, wie sie in Wirklichkeit, d. h. für
den außerhalb des Apparates Stehenden vor sich gehen. Es
kommt mit anderen Worten die zeitliche und Größenordnung
der Erscheinung auch im Apparate zur Abbildung, während
alle anderen Eigenschaften des Phänomens nicht abgebildet
werden.

Ähnlich haben wir uns auch die Abbildung der äußeren
Erscheinungen durch unsere Sinnesapparate vorzustellen.
Diese werden durch die von außen auf sie einwirkenden
Energien betätigt und stellen deren Änderungen nach Zeit
und Intensität dar. Sie tun dies aber in einer Sprache, die
von ihrer besonderen Beschaffenheit bestimmt wird. Um
also zu wissen, was in unseren Sinnesempfindungen dem Ding
an sich angehört, und was die eigene Sprache des Apparates
ist, haben wir die Sinnesphysiologie über die letztere Angelegenheit zu befragen und gewinnen nach Abzug des dem
Apparate angehörigen Anteils die entsprechende Auskunft
über das Ding an sich. Denn dies können und müssen wir
festhalten: da das Ding an sich auf uns wirkt, so überträgt

sich die entsprechende Seite oder Eigentümlichkeit des Dinges auf den Sinnesapparat und wird dadurch erkennbar. Es ist eine besondere Aufgabe der Wissenschaft, genau festzustellen, was von den Erscheinungen subjektiv und was von ihnen objektiv ist, und man möchte diese Aufgabe für äußerst schwierig halten. Aber gerade der Umstand, daß es uns gelingt, auf Grund unserer wissenschaftlichen Kenntnisse die Außenwelt nach unserem Willen und Bedarf zu gestalten, und zwar in einer mehr oder weniger genau vorauszusehenden Weise, ist uns ein Beweis dafür, daß wir eine entsprechend weitgehende Kenntnis der objektiven Verhältnisse oder der Dinge an sich besitzen.

79. Wir wenden uns nun von dieser Abschweifung, die zur Beseitigung naheliegender Zweifel notwendig war, zu unserer Hauptaufgabe zurück und betrachten das inzwischen erworbene Stück unserer energetischen Welt. Wir haben zunächst die festen Körper mit ihrer Eigenschaft der Masse, des Gewichts und der Raumerfüllung. Damit haben wir das gewonnen, was man für gewöhnlich die Materie zu nennen pflegt; wenigstens werden die eben angegebenen Eigenschaften in den Lehrbüchern allgemein als die Grundeigenschaften der Materie definiert.

Nun pflegt man sich aber die Materie nach dem Vorgange des Aristoteles als etwas Indifferentes, Eigenschaftsloses vorzustellen, dem auf irgendeine besondere Weise die Eigenschaften angeheftet sind. Eine solche Anschauung war vielleicht nötig, solange man die Eigenschaften als etwas Zufälliges oder Willkürliches ansah, das auch ebensogut ganz anders sein konnte. Für uns handelt es sich dagegen um die Anwesenheit verschiedener Energien an derselben Stelle. Warum wir sie an derselben Stelle oder miteinander verbunden finden müssen, haben wir bereits eingesehen. Es läßt sich außerdem aussprechen, daß hier noch eine bisher nicht klar erkannte Gesetzmäßigkeit dahinter steckt, durch welche die Extensitätsgrößen der verschiedenen Energiearten aneinander gebunden und durcheinander bedingt werden. Jedenfalls vermitteln diese Zusammenhänge überhaupt in

ganz allgemeiner Weise die gegenseitige Umwandlung der
Energiearten ineinander, und gleichzeitig bedingen sie die
Mannigfaltigkeit der Erscheinungen. Denn von den Intensitätsgrößen wissen wir ja, daß sie einander gleich zu werden
streben und in einem Gebilde, das sich im Gleichgewicht
befindet, auch einander gleich sind, falls sie die Freiheit der
Ausbreitung haben. Die Ursache, weshalb wir in einem
Raume von gleicher Temperatur, gleichem Druck usw. doch
verschiedene Dinge oder Körper unterscheiden können, beruht deshalb, da sie auf Intensitätsunterschieden nicht beruhen kann, notwendig auf Extensitätsunterschieden. So ist
das Volum der Volumenergie, das Gewicht der Schwereenergie,
die Gestalt der Formenergie das, was die Unterscheidbarkeit
innerhalb der gleichförmigen Intensitäten bedingt und die
verschiedenen Raumteile, die Körper, kennzeichnet.

80. So sehen wir die Materie überflüssig werden, weil
wir sie analysiert und ihre Bestandteile erkannt haben. Den
Wärmeinhalt der Körper pflegen wir nicht zur Materie zu
rechnen, obwohl es sich ebenso um eine besondere Energieart
handelt, wie bei den bisher betrachteten energetischen Bestandteilen der Körper. Es liegt dies daran, daß wir den
Extensitätswert der Wärme, die Entropie, so gut wie gar nicht
kennen und uns daher auch nicht um sein Vorhandensein
kümmern. Ein weiterer, tieferer Grund aber ist der folgende:
Es gelingt uns leicht, die anderen Energien, von denen oben
die Rede war, räumlich gesondert zu halten, d. h. das allgemeine Streben nach Ausgleichung der Verteilung aller
Energiearten im Raume, das wir im Grunde alles Geschehens
antreffen können, so weit zurückzuhalten, daß wir wenigstens
für unsere praktischen Zwecke konstante, d. h. zeitlich un-
veränderliche Gebilde herstellen können. Allerdings wird diese
Aufgabe um so schwieriger, je größere Genauigkeit wir fordern,
und schon das einfache Problem, einen Stab von praktisch
unveränderlicher Länge und einen Körper von praktisch un-
veränderlichem Gewicht herzustellen, hat, als es vor dreißig
Jahren mit allen Mitteln unserer Zeit zu lösen unternommen
wurde, die äußerste Anspannung der entwickeltsten Wissen-

schaft und Technik beansprucht, da die gewöhnlichen Materialien keineswegs die geforderte Beständigkeit aufweisen. Aber immerhin besteht trotz der langsamen und unaufhaltsamen Änderungen aller Dinge die Welt für uns doch wesentlich aus Bestandteilen, die wir mit Recht morgen ungefähr ebenso wieder zu finden erwarten, wie wir sie gestern verlassen hatten. Dies beruht eben darauf, daß die genannten Grundenergien der Körper ihrer Extensität nach im wesentlichen unverändert räumlich zusammenbleiben und nur gleichzeitig von Ort zu Ort gebracht werden können. Anders verhält sich die Wärme. Obwohl wir sie nur an den Körpern, d. h. verbunden mit den Grundenergien kennen (die sogenannte strahlende Wärme ist gar keine Wärme, sondern Licht im weiteren Sinne), so zeigt sie doch eine große Beweglichkeit und ihre Menge in einem gegebenen Körper wechselt beliebig mit der Temperatur.

81. Noch beweglicher ist die elektrische Energie, die für gewöhnlich nur in verschwindend geringer Menge in den Körpern vorhanden ist und beständig die größte Neigung zeigt, sich in andere Energiearten umzuwandeln. Daher ist es auch nötig, die elektrische Energie, die in der Technik verwendet wird, erst im Augenblicke ihres Gebrauches zu erzeugen. Die sogenannten Elektrizitätssammler oder Akkumulatoren sind gar keine Sammler elektrischer Energie, sondern was in ihnen nach der Ladung enthalten ist, besteht lediglich aus chemischer Energie, die sich vermöge der Einrichtung des Sammlers wieder leicht und schnell in elektrische verwandeln läßt, was dann in dem Maße geschieht, als diese dem Sammler entnommen wird.

82. Die chemische Energie dagegen gehört ebenso wie die vorher genannten Grundenergien zu dem eisernen Bestande eines jeden Körpers und hat ausgesprochen „materiellen" Charakter. Man muß es nur der Unkenntnis der chemischen Erscheinungen zu der Zeit, wo der Begriff der Materie festgestellt wurde, zuschreiben, daß er damals nicht die chemischen Eigenschaften gleichfalls unter die Grundeigenschaften der „Materie" aufgenommen wurden. Der

Umstand, daß man Stoffe, die wegen ihrer chemischen Eigenschaften benutzt werden, wie Nahrungsmittel oder Kohle, nach Gewicht kauft, ist ein praktischer Beweis für die Proportionalität zwischen chemischer Energie und Schwereenergie. Allerdings ist der Proportionalitätsfaktor nicht für alle Stoffe derselbe, wie bei Masse und Gewicht, sondern er wechselt mit den anderen Eigenschaften der Körper in der mannigfaltigsten Weise, entsprechend der sehr großen Mannigfaltigkeit der chemischen Energie selbst.

83. So flüchtig diese Skizze der Energetik der materiellen Welt hat sein müssen, so dürfte sie doch genügen, daß sich die allgemeine Forderung, alle physischen Geschehnisse in Ausdrücken der Energie darzustellen, allseitig und dabei doch eindeutig erfüllen läßt. Überall brauchten wir nur die wohlbekannten Tatsachen reden zu lassen, um ohne jegliche Zuhilfenahme hypothetischer, d. h. nicht aufweisbarer Vorstellungen auch ihren energetischen Ausdruck zu finden. In den meisten Fällen gestaltet sich das Bild formal abweichend von dem bisherigen des wissenschaftlichen Materialismus, indem an Stelle der (sehr zweifelhaften und unbestimmten) Realität der Materie die der Energie trat, und hier wird der mit diesen Gedankengängen noch nicht vertraute Leser vorläufig die größten Schwierigkeiten empfinden, sein geistiges Auge auf den neuen Gesichtspunkt einzustellen. Indessen hat mich eine lange Unterrichtspraxis mit Schülern der verschiedenartigsten Vorbildung und geistigen Beanlagung überzeugt, daß es nur einer unbefangenen Aufnahme der neuen Gedanken bedarf, um aus ihm ein bequem und sicher zu handhabendes Werkzeug zu machen, durch dessen Gebrauch man schneller und besser zu der geistigen Beherrschung der natürlichen Geschehnisse gelangt, als durch das traditionelle Gemenge von Tatsachen und Hypothesen, welches die allgemeinen Einleitungen unserer physikalischen und chemischen Lehrbücher erfüllt. Die jedem Lehrer wohlbekannte Schwierigkeit, gerade die einleitenden allgemeinen Gedanken dem Schüler so darzulegen, daß er sie als einen sicheren und wohlverstandenen Unterbau für die Aufnahme des speziellen Wissens-

stoffes empfindet, würde unerklärlich sein, wenn es sich nicht
eben um sachliche und begriffliche Unvollkommenheiten
handelte, in die auch der sorgfältigste Lehrer nicht die Harmonie hineinbringen kann, die bei ihrer Schaffung verfehlt
worden war. Die Energetik dagegen gibt diese Harmonie.
Durch die unbeschränkte gegenseitige Umwandelbarkeit aller
Energiearten ineinander läßt sie das gemeinsame Band erkennen, welches die ponderable Materie mit den imponderablen „Kräften" verbindet, indem beide unter den gemeinsamen Begriff der Energie fallen. Und durch die Eigenart
jeder besonderen Energieform sichert sie gleichzeitig eine
Mannigfaltigkeit der Auffassung und Darstellung, welche
biegsam genug bleibt, um der Mannigfaltigkeit der wirklichen
Erscheinungen gedanklich nachzukommen. Indem durch
keine hypothetische Vorausnahme, wie die Dinge wohl beschaffen sein könnten, wenn man nur ins „Innere der Natur"
einzudringen vermöchte, die unbefangene Aufnahme der Tatbestände gehindert wird, gewährt die Energetik gleichzeitig
die Freiheit, entsprechend dem Fortschritt der Wissenschaft
die nötig werdenden Mannigfaltigkeiten in die Darstellung
neuer Tatbestände aufzunehmen. Aus diesem Grunde kann
auch niemals eine energetische Theorie irgendeines Erschei-
nungsgebietes durch die spätere Entwicklung der Wissenschaft
widerlegt werden, ebensowenig wie der Fortschritt der Wissenschaft jemals die Sätze von der geometrischen Ähnlichkeit
der Dreiecke widerlegen wird. Das einzige, was in solcher
Richtung geschehen kann, ist eine Erweiterung oder auch
eine Verschärfung des Gesetzesinhaltes; in solchen Fällen
aber handelt es sich nur um Verschönerungsarbeit am Ge-
bäude, nie aber um ein vollständiges Niederreißen und Neu-
bauen. Letzteres ist dagegen bei den üblichen mechanistischen
Hypothesen immer unvermeidlich gewesen. Man denke beispielsweise nur an die Folgenreihe der Lichthypothesen,
von der griechischen Vorstellung, daß Bilder in der
Form von Häuten sich von den Gegenständen loslösen,
um ins Auge zu gelangen, durch Newtons Lichtkügelchen,
Huyghens und seiner Nachfolger Ätherschwingungstheorie

auf mechanisch-elastischer Grundlage bis zur modernen elektromagnetischen Theorie.

So nähert sich die energetische Anschauung der physiko-chemischen Erscheinungen so weit wie möglich dem Ideal einer wissenschaftlichen Darstellung. Dieses ist durch die in der Mathematik gebräuchliche Kennzeichnung gegeben, daß die Darstellung notwendig und zureichend sein muß. Notwendig insofern, als sie nur solche Elemente der Wirklichkeit enthält, um deren Darstellung es sich handelt, und somit kein willkürliches Element. Zureichend insofern, als sie alles das enthält, was dargestellt werden soll. Bedenken wir, daß die Logik und Konsequenz der wissenschaftlichen Darstellung keinen anderen Zweck als den eminent praktischen hat, in der kürzesten und unzweideutigsten Weise die Voraussagungen zu ermöglichen, die den Inhalt der Wissenschaft bilden, so kommt man zu der Erkenntnis, daß auch für rein unterrichtliche Zwecke die Darstellung des Wissensstoffes überhaupt gar nicht zu logisch und konsequent sein kann. Jede Konzession an überkommene Unzulänglichkeiten, die so gern damit entschuldigt wird, daß sie das Verständnis erleichtere, erweist sich auf die Dauer als ein unzweckmäßiger Fehler, denn die Erleichterung ist nur scheinbar und wird viel zu teuer durch die dauernde Unklarheit der Schüler über wesentliche Punkte erkauft. Auch pflegen die Verteidiger solcher Methoden die Unbequemlichkeit, welche sie selbst empfinden, wenn sie ihre alten Irrtümer verbessern sollen, als Verständnisschwierigkeiten für den Schüler auszugeben. Tatsächlich aber begreift der Schüler die neuen Dinge um so leichter, je konsequenter und freier von willkürlichen oder zufälligen Zutaten sie ihm vorgetragen werden.

Zehntes Kapitel. Das Leben.

84. Während es nur eines recht geringen Grades von Bildung und Kenntnissen bedarf, um ein lebendes Wesen von einem leblosen zu unterscheiden, findet die Wissenschaft

von jeher die größten Schwierigkeiten darin, eine zureichende Definition des Lebens zu geben. Allerdings benutzt die alltägliche Erfahrung, welche diese Definition so leicht findet, nach Bedarf eine ganze Anzahl verschiedenartiger Kennzeichen für die Beantwortung der Frage und macht es sich damit leichter, als die Wissenschaft dies darf. Immerhin verraten die hier obwaltenden Schwierigkeiten das Vorhandensein gewisser Unzulänglichkeiten in der fundamentalen Begriffsbildung, welche die Lebensfrage kennzeichnen soll. Wir werden deshalb auch hier die Brauchbarkeit der energetischen Anschauungen prüfen können, indem wir fragen, wie diese die Frage nach dem Wesen des Lebens beantworten.

Von unserem Standpunkte ist ein wesentliches, wenn auch nicht das zureichende Kennzeichen des Lebens die beständige Energiebetätigung. Ein Lebewesen ist vor allen Dingen ein Gebilde, welches dauernd Energie von außen aufnimmt und ebenso welche nach außen abgibt. Da es hierbei seine Form und seinen sonstigen Bestand im wesentlichen ungeändert beibehält, bzw. in dieser Beziehung nur eine sehr langsame Änderung aufweist, so werden wir in dem beständigen Energiewechsel unter Erhaltung der äußeren Form ein erstes, wesentliches Kennzeichen der Lebewesen sehen. Ein solches Gebilde, welches trotz inneren Wechsels einen gewissen Bestand beibehält, nennt man ein stationäres Gebilde; Lebewesen sind daher in erster Linie stationäre Wesen.

Daß diese Bestimmung nicht ausreicht, um das Leben zu kennzeichnen, ergibt sich alsbald aus dem Umstande, daß wir viele stationäre Dinge kennen, welche keine Lebewesen sind. Eine Flamme ist gleichfalls ein Gebilde, welches bei unaufhörlichem Aus- und Eintritt von Stoffen und anderen Energien seine Form dauernd beibehält; ebenso tut es ein Strom, trotzdem sein Wasser sich unausgesetzt erneut. Doch ist in beiden Fällen die Ähnlichkeit mit lebenden Wesen, die gerade in der stationären Beschaffenheit dieser Gebilde liegt, bereits für das Verständnis des Volkes so deutlich vorhanden, daß bildliche Ausdrücke, wie „der Strom des Lebens" oder „die Flamme des Lebens", durchaus gebräuchlich sind. Gebilde, die im

wesentlichen unveränderlich sind, wie Berge oder Seen, oder
solche, die sich zwar ändern, aber nicht in stationärer Weise, wie
Gewitter oder Wolken, werden nicht mit dem Leben verglichen.

85. Damit ein energetisches Gebilde stationär bleibt, muß
eine Quelle vorhanden sein, aus welcher die fortgehenden
Energien beständig ersetzt werden. Nennen wir diesen Ersatz Nahrung im weitesten Sinne, so gehört die Ernährung
entscheidend zu allem Leben. Allerdings braucht in solchem
Sinne auch die Flamme und der Strom Nahrung, denn beide
gehen ein, wenn ihnen das Ausgeschiedene nicht immer wieder
zugeführt wird. Aber bei den eigentlichen Lebewesen finden
wir, daß sie sich ihre Nahrung selbsttätig beschaffen. Selbst
wenn sie durch Unbeweglichkeit, wie Pflanzen und viele
Meerestiere, darauf angewiesen sind, auf das Herankommen
geeigneter Nahrung zu warten, so sind sie dieser gegenüber
doch insofern aktiv, als sie mit Einrichtungen ausgestattet
sind, vermöge deren sie unter den vielfältigen Dingen, die
an sie heranschwimmen, gerade solche festhalten, die als
Nahrung für sie geeignet sind. Dies ist eine Eigenschaft,
welche den nicht lebenden stationären Dingen allerdings nicht
zukommt und welche daher für das Leben charakteristisch ist.

Hierbei tritt zum ersten Male ein neuer Begriff auf, der
in der anorganischen Welt keine Anwendung findet, nämlich
der Begriff des Zweckes und der Zweckmäßigkeit. Dieses
Festhalten der Nahrung, während andere Körper nicht festgehalten werden, hat die besondere Eigenschaft, daß dadurch
der Fortbestand des betreffenden Gebildes gesichert wird. Betrachtet man die Erhaltung des Gebildes als dessen Zweck,
so wird man diese Eigenschaft zweckmäßig nennen. Zweckmäßig und erhaltungsmäßig sind also vom biologischen Standpunkte gleichbedeutend, denn außer der Erhaltung (im weitesten Sinne) gibt es keinen biologischen Zweck. Man muß
dies genau festhalten, um nicht bei der Mannigfaltigkeit des
gewöhnlichen menschlichen Zweckbegriffes in Unklarheiten
oder Irrtümer zu geraten.

86. Allerdings zerfällt der Begriff der Erhaltung in zwei
besondere Fälle, den der Individualerhaltung und den der

Arterhaltung. Die biologische Zweckmäßigkeit bezieht sich im allgemeinen auf beide, doch kommen Konkurrenzfälle vor, in denen die eine der anderen entgegengesetzt wird. Zweckmäßiger ist in diesem Falle die auf die Arterhaltung gerichtete Betätigung. Denn die Art vermag auch zu bestehen, wenn das Individuum unter bestimmten Bedingungen (z. B. nach Ausführung der Fortpflanzung) zugrunde geht. Geht aber die Art zugrunde, so hat auch das Individuum keinen Bestand. Diese rein technische Erwägung reicht offenbar aus, um die eben gestellte Frage zu entscheiden, ohne daß es mystischer oder metaphysischer Spekulationen über den höheren Wert der Art gegenüber dem Individuum bedarf; letztere haben überhaupt bei derartigen Fragen keinerlei Stimmrecht zu beanspruchen.

Sämtliche Lebewesen zeigen außerdem noch eine besondere Eigenschaft, die der Fortpflanzung. Allerdings wird man z. B. die Entzündung einer Flamme an einer anderen mit Recht der organischen Fortpflanzung vergleichen können, doch besteht hier derselbe Unterschied, den wir eben bezüglich der Ernährung festgestellt haben. Ob eine Flamme sich fortpflanzen kann und wird, hängt ausschließlich von den äußeren Bedingungen ab, und sie selbst tut dazu nichts Besonderes. Die Lebewesen dagegen tun etwas Besonderes dazu und bewerkstelligen ihre Fortpflanzung aus eigenem, gerade wie sie aus eigenem ihre Ernährung bewerkstelligen.

Dieser Vorgang der Fortpflanzung bewirkt, daß ein neues Wesen, bzw. eine größere Anzahl solcher entsteht, die dem ursprünglichen Wesen ähnlich sind. Es tritt hier der besondere Umstand ein, daß nicht nur neue Lebewesen irgendwelcher Art entstehen, sondern daß diese eine größere Übereinstimmung mit ihren Eltern aufweisen, als mit irgendwelchen anderen Lebewesen. Dies ist keineswegs „selbstverständlich", denn das neue Wesen beginnt zwar seine Existenz mit Stoffen, die es von seinen Eltern mitbekommen hat, seine Nahrung, durch die es seinen Körper mehr oder weniger vollständig ausbildet, entnimmt es aber der Außenwelt, welche mit den gleichen Materialien unzählige andere und grundverschiedene Wesen aufbauen hilft. Es ist daher in dem, was das neue Wesen von seinen Eltern mitbekommen hat, etwas enthalten, was die Übereinstimmung von Form und Eigenschaften mit diesen bewirkt, während die Außenwelt sich mehr indifferent hierzu verhält.

Auf diese Besonderheit werden wir alsbald wieder zurückkommen; zunächst wenden wir die Zweckfrage auf die Tatsache der Fortpflanzung der Art an. Es leuchtet bei einigem Nachdenken ein, daß durch diesen Umstand tatsächlich erst der Bestand gesichert wird. Kein Einzelwesen ist gegen gelegentliche Zerstörung gestützt. Denn bei den vielen besonderen Bedingungen, die alle erfüllt sein müssen, damit ein Lebewesen sein Dasein fortsetzt, tritt der Tod oder das Aufhören des Lebens bereits ein, wenn eine einzige von diesen Bedingungen nicht mehr erfüllt ist, gleichgültig, wie vollkommen die übrigen noch erfüllt sein mögen. Einzelwesen von besonderer Organisation, die sich nicht artgleich fortpflanzen, müssen also sämtlich früher oder später zugrunde gehen, und wir würden sie nur ausnahmsweise und zufällig kennen lernen. Solche Wesen dagegen, die sich artgleich fortpflanzen, treten in vielen übereinstimmenden Individuen auf, von denen das eine oder andere leicht zu unserer Kenntnis gelangt. Die Sache liegt also nicht etwa so, daß die Existenz von artgleich sich fortpflanzenden Wesen als objektiv vorhandenes Ziel des Lebens auf der Erde anzusehen wäre; vielmehr bedingen es die Umstände, daß wir nur von solchen Lebewesen regelmäßige Kunde haben können.

Dazu kommt noch der wichtige Umstand, daß solche Wesen, die sich artgleich fortpflanzen, bessere Aussichten für ihre Fortexistenz haben. Sind den Nachkommen wegen ihrer Ähnlichkeit mit den Eltern dieselben Lebensbedingungen vorteilhaft, unter denen die Eltern gelebt haben, so liegt keine Schwierigkeit vor, sie ihnen zu sichern. Würden sie dagegen andere Lebensbedingungen beanspruchen, so wären sie durch die Abhängigkeit von den Eltern und deren Lebensbedingungen, die jedenfalls während einer gewissen Zeit in der Jugend bestehen muß, benachteiligt und es bestände die

Ungewißheit, ob sie hernach die vorteilhaften Bedingungen überhaupt finden werden. Derartige Verhältnisse bilden sich zuweilen unter den Menschen heraus, wenn sich die allgemeinen Zustände der Zeit und des Landes schnell ändern, und jedermann kennt die Schwierigkeiten, die sich dann der Entwicklung der jungen Generation entgegenstellen.

87. Alle Lebewesen bauen ihr energetisches System in erster Linie auf chemische Energie auf. Die Ursache hierfür ist, daß chemische Energie die konzentrierteste und gleichzeitig aufbewahrungsfähigste Form unter allen Energiearten ist. Wir haben seinerzeit gesehen, daß der Vorrat freier Energie, auf dessen Kosten alle Lebewesen ihr Dasein fristen, uns beständig von der Sonne geliefert und ergänzt wird. Nun aber scheint die Sonne durchschnittlich nur einen halben Tag und bleibt während der anderen Hälfte der Zeit unter dem Horizonte. Damit sonach irgend ein Gebilde auf Grund dieser Energie einen dauernden Bestand haben kann, muß es Vorrichtungen haben, um während des halbtägigen Energiezustromes nicht nur einen angemessenen Betrag für die augenblicklichen Lebensbedürfnisse aufzunehmen, sondern auch noch Vorrat für die andere Tageshälfte aufzuspeichern. Denn ist einmal der stationäre Energiestrom durch das konstante Gebilde, der das Leben kennzeichnet, auf eine merkliche Zeit unterbrochen, so geht die Maschine im allgemeinen durchaus nicht von selbst wieder an, wenn wieder freie Energie zu Gebote steht. Vielmehr zeigt sich bei der überwiegenden Mehrzahl der Lebewesen, daß selbst eine sehr kurze Unterbrechung genügt, um den dauernden Stillstand, d. h. den Tod hervorzurufen.

Somit mußte alsbald Vorsorge getroffen werden, die Tagesenergie in eine geeignete Dauerform umzuwandeln, welche mindestens während der Nacht, weiterhin aber auch während des Winters den Strom unterhalten konnte, ohne daß das Wesen auf die äußere Quelle angewiesen war. Von allen Energieformen, die wir kennen, ist keine so geeignet, diese Aufgabe zu lösen, wie die chemische. Wir erkennen dies daran, daß chemische Energie uns als Energievorrat auch

für alle anderen Zwecke des Lebens und der Industrie dient.
Unsere Nahrungsmittel bestehen aus chemischer Energie, und
die große Energiequelle der gesamten Industrie ist bisher so gut
wie ausschließlich die fossile Kohle, d. h. wieder chemische
Energie gewesen. Erst in jüngster Zeit beginnt man in aus-
gedehnterer Weise die mechanische Energie auszunutzen,
welche die Sonne uns in Gestalt gehobener Wassermengen
zur Verfügung hält.

Von der Notwendigkeit, wegen der allgemeinen Verhältnisse der Erde die Energiewirtschaft der Lebewesen auf die
chemische Form zu gründen, hängt nun auch bis in alle
Einzelheiten die Beschaffenheit unserer Organisation ab. Unsere Muskeln arbeiten mit chemischer Energie und ebenso
ist die noch so geheimnisvolle Wirkungsweise der Nerven
gleichfalls mit dieser Energieart auf das engste verbunden.
Vor allen Dingen aber beruht aller Wahrscheinlichkeit nach
eine besondere Eigentümlichkeit aller Lebenserscheinungen
gleichfalls auf chemischen Verhältnissen, nämlich die Erscheinung des Gedächtnisses im allgemeinsten Sinne, wie
sie zuerst von E. Hering erkannt worden ist.

88. Ganz allgemein zeigen nämlich die Lebewesen die
Eigenschaft, daß sie solche Vorgänge, die ein- oder mehrmals
an ihnen stattgefunden haben, viel leichter wiederholen, als
sie neue Vorgänge ausführen. Dies ist keineswegs eine allgemeine Naturerscheinung; sie ist es so wenig, daß vielmehr
das Gegenteil in der anorganischen Welt die Regel bildet.
Ein Draht leitet darum die Elektrizität nicht besser, daß er
vorher zu Leitungszwecken gedient hat, und ein Kessel wird
darum nicht schneller heiß, weil er Tausende von Malen vorher erhitzt gewesen war. Die anorganischen Gebilde behalten mit anderen Worten meist keine Spuren ihrer Geschichte an sich; sie sind für wiederholte Geschehnisse immer
so neu, wie sie das erstemal waren. Nur in einzelnen, ziemlich verwickelten Fällen zeigt sich etwas ähnliches, wenn
z. B. eine Maschine durch den Gebrauch ihre reibenden Teile
abschleift und dann glatter läuft als vorher. Aber selbst in
diesem Falle könnte man diese Gewöhnungsperiode bis auf

Null abkürzen, wenn man die reibenden Teile vorher auf den Höchstbetrag der Glätte brächte. Es handelt sich also mehr um eine zufällige als um eine wesentliche Ähnlichkeit.

In der organischen Welt ist dagegen dies Verhalten allgemein. Es ist vorher auf die merkwürdige Tatsache hingewiesen worden, daß die Kinder den Eltern so ähnlich werden, auch wenn sie während des größten Teils ihrer Wachstumsperiode dem unmittelbaren Einfluß der Eltern entzogen bleiben. Von den Möglichkeiten, wie die elterlichen Eigenschaften übertragen werden, hat die chemische Theorie, d. h. die Annahme, daß diese Besonderheiten auf entsprechenden chemischen Besonderheiten der Keimsubstanzen beruht, die größte Wahrscheinlichkeit. Denn wir erinnern uns, daß neben der Raumenergie[1]) nur noch die chemische Energie als ständiger und untrennbarer Bestandteil der wägbaren Stoffe sich herausgestellt hatte. Die unübersehbare Mannigfaltigkeit der Lebewesen kann aber schwerlich den verhältnismäßig unterschiedlosen Raumenergien zugeschrieben werden; es bleibt von den bekannten Energien also nur die chemische als Träger dieser Mannigfaltigkeiten übrig. Freilich ist nicht ausgeschlossen, daß noch andere, bisher unbekannte Energien hierbei in Betracht kommen, doch haben sich bisher noch keine Anzeichen einer solchen erkennen lassen.

Nun lassen sich chemische Anordnungen ersinnen und aufweisen, welche die gleiche Beschaffenheit der Erinnerungsfähigkeit besitzen, indem sie wiederholte Vorgänge leichter ausführen als erstmalige. Ich bin gern bereit, anzuerkennen, daß die Ähnlichkeiten zunächst nur sehr oberflächlicher Natur sind; doch muß andererseits erwogen werden, daß das Gebiet chemischer Erscheinungen, das hier in Betracht kommt[2]), erst seit einem Jahrzehnt der systematischen Bearbeitung unterworfen worden ist, und daß daher nur kleine Teile desselben inzwischen bekannt geworden sind.

[1]) Unter Raumenergie fasse ich die Bewegungs-, Schwere- und Formenenergie, die Volum- und Flächenenergie zusammen.

[2]) Es handelt sich um die katalytischen Vorgänge.

Man darf also zugeben, daß chemische Möglichkeiten genug
bestehen, um die allgemeine Erinnerungsreaktion in dem beschriebenen Sinne bei den Lebewesen zu ermöglichen. Daß
eine solche Beschaffenheit, wenn vorhanden, die Erhaltung
der Art sehr erheblich erleichtern würde, ist soeben dargelegt
worden. Nach einer namentlich von Charles Darwin zur
Geltung gebrachten Überlegung darf man aber allgemein annehmen, daß Eigenschaften, welche für die Erhaltung der Art
nützlich sind, die Tendenz haben, sich innerhalb der Art zu
entwickeln und zu befestigen, falls sie überhaupt nur möglich sind. Wenn uns diese Überlegung allerdings gar keinen
Anhaltspunkt dafür gibt, auf welche besondere Weise sich
jene Eigenschaft ausgebildet hat, so haben wir doch die Beruhigung, daß ein derartiger Vorgang durchaus in den Rahmen
der anderen organischen Erscheinungen paßt.

89. Es ist vielleicht nützlich, hier eine allgemeine Bemerkung über ähnliche Fragen zu machen. Die Probleme
der angewandten Wissenschaft, die sich ergeben, wenn
irgend eine vorhandene verwickelte Naturerscheinung auf Grund
unserer Kenntnisse der Naturgesetze erklärt werden soll, sind
von besonders glatteisiger Beschaffenheit. Denn die Natur
verfügt selbstverständlich über den gesamten Bestand an Möglichkeiten und Hilfsmitteln, die irgendwie in Betracht kommen.
Unsere Erklärungsversuche müssen wir dagegen mit dem augenblicklich bekannten Bestand unserer Wissenschaft machen,
von dem wir nichts sicherer wissen, als daß er überaus unvoll-
ständig ist. Um nur ein Beispiel aus der neuesten Zeit zu
nennen: zur Erklärung der Sonnenwärme konnte bisher keine
auch nur einigermaßen befriedigende Idee gefunden werden,
weil die bekannten Energiequellen alle zu dürftig für den
enormen Bedarf der Sonnenstrahlung fließen. Durch die Entdeckung des Radiums, das eine Energiequelle von rund einer
Million mal größerer Konzentration darstellt, als die bisher
bekannten, ist nun das Problem durchaus in das Gebiet der
lösbaren gerückt. Es ist ja nicht bewiesen, daß die Sonnenstrahlung wirklich von einem Vorgange nach Art des freiwilligen Zerfalls des Radiums herrührt. Aber wir brauchen

nun nicht mehr zu sagen, daß keine bekannte Quelle jenen
Bedarf zu decken imstande ist, sondern haben solche Quellen
an der Hand und dürfen sogar nach dieser Erfahrung mit
einiger Wahrscheinlichkeit sagen, daß noch Quellen anderer
Natur von ähnlicher Ausgiebigkeit existieren mögen.

So stellen uns auch die Lebewesen in ihrer Existenz und
Betätigung Tausende von ungelösten Fragen, unter denen sich
zweifellos sehr viele befinden, die mit den heutigen Mitteln
der Wissenschaft überhaupt nicht zu lösen sind. Aber die
Mittel der Wissenschaft erweitern sich von Tag zu Tag, und
was heute noch unlösbar nicht nur erscheint, sondern wirklich ist, kann morgen eine leicht zu erledigende Aufgabe
sein. So ist der Nachweis, daß diese oder jene Lebenserschei-
nung sich der Erklärung unzugänglich erweist, nicht nur
niemals als ein Nachweis anzusehen, daß sie sich morgen
ebenso verhalten wird, sondern man muß umgekehrt sagen:
wer alle derartigen Erscheinungen restlos aus der heute bekannten Wissenschaft will erklären können, hat über die
Grundfragen der Angelegenheit noch nicht nachgedacht. Und
das gleiche gilt für den, der von den Vertretern der wissenschaftlichen Biologie etwas derartiges fordert. Dies ist für
diejenigen gesagt, die die grundsätzliche Nichterklärbarkeit
der Lebenserscheinungen behaupten.

90. Hiernach lege ich Gewicht darauf, zu betonen, daß
ich nicht der Meinung bin, es befände sich in den Tatsachen
des Lebens ein Rest, der sich aller wissenschaftlichen Erkenntnis grundsätzlich entzieht. Daß ernsthafte und ge-
scheite Männer derartige Behauptungen aussprechen, ist eine
von den vielen unerwünschten Folgen des wissenschaftlichen
Materialismus. Von den Vertretern dieser letzteren Ansicht,
die ja im letzten Drittel des vorigen Jahrhunderts die herr-
schende war, und bei vielen Naturforschern noch heute ist,
ist immer wissenschaftliche Erklärung identisch gesetzt worden
mit Zurückführung auf die „Mechanik der Atome". Dies
wird allerdings jedermann, der sich mit den vorliegenden
Fragen selbständig beschäftigt hat, zuzugeben bereit sein, daß
für zahllose Erscheinungen, insbesondere auf biologischem

Gebiete, eine solche Zurückführung aussichtslos erscheint. Sowie man aber die Aufgabe im Sinne Robert Mayers, d. h. im Sinne der Energetik, faßt und sich sagt: „Ist einmal eine Tatsache nach allen ihren Seiten hin bekannt, so ist sie eben damit erklärt und die Aufgabe der Wissenschaft ist beendigt," so liegt zu einem Verzicht auf die Möglichkeit wissenschaftlicher Erklärung oder Bewältigung nie und nirgend eine Ursache vor: denn jede Tatsache, die in den Bereich unserer Wahrnehmung tritt, erfüllt dadurch bereits die Bedingung, daß sie uns mehr und mehr bekannt werden kann, und tritt damit unter die Gewalt der Wissenschaft.

91. So wird man beispielsweise die Frage, ob es jemals gelingen wird, ein Lebewesen künstlich herzustellen, zunächst dahin beantworten, daß uns von den Lebenserscheinungen zwar große Gebiete bereits bekannt sind, aber noch nicht genau genug, um sagen zu können, ob die Mittel innerhalb unserer Gewalt sind, von denen die künstliche Erzeugung eines Lebewesens abhängt. Ein Beispiel aus der jüngsten Zeit wird klar machen, was hiermit gemeint ist. Die Alchymisten hatten geglaubt, es sei möglich, Blei in Gold, d. h. ein Element in ein anderes zu verwandeln. Seit einigen Jahrhunderten hat man das Gesetz von der Erhaltung der Elemente erkannt und daraus geschlossen, daß eine solche Umwandlung nicht möglich sei, da es kein Mittel gibt, ein Element in ein anderes überzuführen. Neben den vorsichtigen Naturforschern, welche die Unausführbarkeit einer solchen Umwandlung als ein rein experimentelles Faktum behandelten, das jederzeit durch ein positives Umwandlungsexperiment umgeworfen werden kann, gab es „Theoretiker", welche auf Grund der Atomhypothese die grundsätzliche Unmöglichkeit der Umwandlung behaupteten und in den Bemühungen der Alchymisten nicht nur mißglückte Experimente, sondern Ausflüsse mittelalterlichen Wahnglaubens sahen. In jüngster Zeit hat nun William Ramsay den vielen überraschenden Entdeckungen, die wir ihm verdanken, dadurch die Krone aufgesetzt, daß er zweifellose Fälle der Umwandlung eines Elementes in ein anderes beobachtet und beschrieben hat. Die Ausführung dieses

früher unmöglich gewesenen Experimentes beruht auf der Verwendung des Radiums, jenes Stoffes, in welchem die freie Energie in weitaus konzentrierterer Form vorhanden ist, als in irgend einem anderen irdischen Gebilde. Hier sehen wir klar, wie jeder in der Sache sein Recht bekommt, nur nicht die Theoretiker, welche die Unmöglichkeit der Umwandlung behauptet haben. Die Alchymisten hatten den an sich ausführbaren Versuch der Elementumwandlung nur mit untauglichen Mitteln unternommen; als die Mittel (und der Mann, der sie zu benutzen wußte) vorhanden waren, konnte auch die Aufgabe gelöst werden. Ich brauche nicht hinzuzufügen, daß ich nicht glaube, auch für die Herstellung eines künstlichen Lebewesens sei Radium das richtige Mittel. Um eine bestimmte Meinung über die Sache zu haben, wissen wir noch zu wenig von ihr, da diejenigen Gebiete der Chemie, von deren Kenntnis und Anwendung das Verständnis der Lebenserscheinungen abhängt, die chemische Dynamik, erst seit zwei Jahrzehnten als regelmäßig betriebene Wissenschaft besteht. Aber es läßt sich kein allgemeiner Grund angeben, daß nicht unsere Kenntnis der chemischen Dynamik sich weit genug entwickeln könnte, um uns ein sicheres Urteil über die Ausführbarkeit eines künstlichen Lebewesens zu gestatten.

Läßt sich auf solche Weise eine Beruhigung darüber gewinnen, daß die Erscheinungen des Lebens, soweit sie physischer Natur sind, der wissenschaftlichen Erforschung zugänglich sind, so treten doch erneute Fragen auf, wenn man eine andere Gruppe von Tatsachen ins Auge faßt, die gleichfalls mit dem Leben verbunden sind, aber doch von den physischen Erscheinungen als durch eine weite Kluft getrennt angesehen werden. Es sind die psychischen Erscheinungen, oder die des Seelenlebens. Zwar wird man so viel zuzugeben bereit sein, daß auch diese Dinge der Wissenschaft unterwerfbar sind, denn es sind bereits psychische Gesetze bekannt, wenn sie auch noch von der Bestimmtheit und Genauigkeit der physischen Gesetze ziemlich weit entfernt erscheinen. Überlegt man aber, daß mit der Verwicklung eines

Gebietes die Vollkommenheit seiner wissenschaftlichen Erkenntnis im umgekehrten Verhältnis stehen muß, so wird man
diese Tatsache als ganz natürlich ansehen. Es wird daher für
uns eine wichtige Aufgabe sein, zu untersuchen, ob der Energiebegriff, der auch für die Erscheinungen des Lebens einen ge-
eigneten Rahmen abgegeben hat, sich auch auf die Tatsachen
des Seelenlebens anwenden läßt.

Elftes Kapitel. Die geistigen Erscheinungen.

92. In die einheitliche Auffassung, welche das griechische
Altertum über den Zusammenhang von Leib und Seele ursprünglich besaß, hat Plato einen Riß hineingebracht, der
erst in unseren Tagen hat geheilt werden können. Während
beispielsweise noch für Demokritos, der übrigens dem
modernen Denken viel näher steht als Plato, Leib und
Seele wesensgleich waren, nur daß der letzteren besonders
feine und bewegliche Atome zugrunde liegen sollten, setzte
Plato nicht nur einen fundamentalen sachlichen, sondern
einen ebenso fundamentalen Wertunterschied zwischen beiden,
bei denen der Körper bekanntlich durchaus zu kurz kam.
Die christliche Auffassung von der Sündhaftigkeit der Welt
lag in der gleichen Richtung, und als in Mitteleuropa mit dem
Beginn der Neuzeit auch eine selbständige Philosophie und
Naturwissenschaft erwachte, nahm sie aus der damals herrschenden Weltauffassung jenen Gegensatz zwischen Leib und
Seele als zweifellos und unbezweifelbar herüber und machte
ihn auch zum Grundsatze der neuen Lehrsysteme. So suchte
Descartes das Verhältnis von Geist und Natur in dem Gegensatze zwischen Denken und Ausdehnung gedanklich zu
erfassen und Leibniz wußte ihn nicht anders zu überbrücken,
als durch das Wunder der prästabilierten Harmonie
zwischen diesen beiden, an sich unvereinbaren Welten.

Ein besonderer Umstand trug noch ganz wesentlich dazu
bei, den Gedanken des Demokritos, daß beide nur dem Grade
nach verschieden sein könnten, nicht aufkommen zu lassen.

Es war dies die mechanistische Weltanschauung, welche die damalige Naturwissenschaft unbedingt beherrschte. Die Mechanik war das erste Gebiet gewesen, welche der in jugendlicher Kraft erstarkte Geist der neuen Wissenschaft zu bewältigen vermocht hatte. Ihr naher Zusammenhang mit der aus dem Altertum in großer Vollkommenheit überkommenen Geometrie ließ sie gleichzeitig als die Normalwissenschaft von der Natur erscheinen, als diejenige Wissenschaft, auf welche in letzter Instanz alle übrigen zurückgeführt werden müssen. Es kann nichts entschuldbarer und erklärlicher sein, als eine derartige Auffassung; wirkt doch in einem jeden Falle ein erheblicher Fortschritt der Erkenntnis in solchem Sinne, daß man die neuen Denkmittel für geeignet ansieht, alle noch ausstehenden Probleme mit einem Schlage zu lösen. Und da man auf der anderen Seite das Gebiet des geistigen Lebens durchaus von der Naturwissenschaft abgesondert hatte, so erschien auch keine Gefahr von der Invasion der mechanistischen Auffassung für die Beurteilung des Seelenlebens vorzuliegen.

Daß beide im Gegenteil durchaus unvereinbar seien, hat noch Leibniz mit aller Schärfe ausgesprochen. Er betont, daß selbst, wenn wir in ein passend vergrößertes, denkendes Gehirn „wie in eine Mühle" hineingehen und es während seiner Denkarbeit betrachten könnten, wir doch nichts anderes wahrnehmen würden, als bewegte Atome, nicht die Spur aber von den Gedanken, die gleichzeitig in diesem Gehirn gebildet werden. Es führt also durchaus keine Brücke von der einen Welt in die andere hinüber. Die Vorstellung von Descartes, daß in einem einzigen Punkte, der Zirbeldrüse im Gehirn, die beiden Welten aneinander grenzen, indem sie diesen Punkt gemeinsam haben, verwarf er mit Recht als inkonsequent und unverständlich, und da er ein ehrlicher Denker war, so blieb ihm als letzte Möglichkeit eben nur die Annahme übrig, daß beide Welten durch einen fundamentalen Akt des Schöpfers einander so zugeordnet seien, daß bestimmten Bewegungen der einen bestimmte geistige Phänomene der anderen zeitlich und örtlich genau

entsprächen. Jede andere Form des Zusammenhanges, insbesondere kausale Beziehungen, waren durch ihre Verschiedenheit von vornherein ausgeschlossen.

Die spätere Philosophie hat sich auf der gleichen Höhe
strengen Denkens nicht immer erhalten können. Bekanntlich
hatte Leibniz das Verhältnis, wie er es auffaßte, durch das
Bild zweier Uhren veranschaulicht, die beide vom Schöpfer
von vornherein so gestellt worden sind, daß sie immer dieselbe Zeit zeigen, ohne daß doch die eine die andere in irgendeiner Weise beeinflussen kann. Immer wieder wurde versucht, doch irgendeine Art der gegenseitigen Beeinflussung
für denkbar zu halten. Und selbst der scheinbar erlösende
Gedanke Fechners, daß die beiden Uhren im Grunde nur
eine seien, und daß Geistiges und Materielles zueinander gehören, wie die konkave und die konvexe Seite eines Kreises,
nämlich, daß sie dasselbe Ding, nur von verschiedenen Seiten
gesehen, darstellen, scheitert an der Unmöglichkeit, nachzuweisen, wieso der Mensch zu diesen beiden Standpunkten
gleichzeitig gelangen kann. So finden wir denn auch bis
heute die Leibnizsche prästabilierte Harmonie unter dem
Namen des psychophysischen Parallelismus als die
verbreitetste Ansicht über den Zusammenhang zwischen Leib
und Seele wieder, wenn auch die Vertreter des letzteren sich
meist nicht entschließen können, sie in der klaren, von Leibniz
geprägten Form anzuerkennen.

93. Wenn ein Streit so lange Zeit ungeschlichtet bleiben
mußte, trotz der unausgesetzten Anstrengungen der hervor-
ragendsten Forscher, so liegt die Vermutung nahe, daß die
Ursache des Widerspruches nicht in den Schlüssen liegt,
die aus den angenommenen Voraussetzungen gezogen werden,
sondern in jenen Voraussetzungen selbst. Läßt sich die
Voraussetzung von der wesentlichen Verschiedenheit der
körperlichen und der geistigen Dinge nicht mit der Tatsache
ihres zweifellos vorhandenen und unausgesetzt betätigten
gegenseitigen Zusammenhanges vereinigen, so muß eben in
dieser Voraussetzung ein fundamentaler Fehler vorhanden
sein. Man müßte also im Gegensatz zu der Platonischen

Ansicht annehmen, daß zwischen Körper und Geist eine verwandtschaftliche Beziehung besteht. Dann liegen zweierlei Möglichkeiten vor. Wir können entweder den einen der beiden Begriffe auf Kosten des anderen für maßgebend erklären, oder wir müssen versuchen, einen gemeinsamen Oberbegriff zu finden, in welchem sich die beiden auseinanderstrebenden Begriffe Körper und Geist eingeschlossen und dadurch verbunden finden. Wir wollen diese verschiedenen Möglichkeiten einzeln betrachten.

Die erste führt zu den entgegengesetzten Anschauungen des Materialismus und des Spiritualismus. Nach der ersten Anschauung besteht kein wesentlicher Unterschied zwischen Körper und Geist, weil der Geist nur ein Produkt des Körpers ist. Nach der zweiten besteht umgekehrt die ganze Welt nur im Bewußtsein des Einzelnen, ist also ein Produkt seines Geistes, und die unabhängige Existenz der Körperwelt ist nur eine Einbildung.

Mit der eingehenden Kritik dieser entgegengesetzten Ansichten will ich mich hier nicht befassen. Es genügt der Hinweis darauf, daß beide sich seit Jahrhunderten befehden, ohne daß eine über die andere den Sieg davongetragen hätte. Der Materialismus weiß keine Antwort auf die Frage, wie die Körperwelt dazu kommen kann, den von ihr ganz und gar verschiedenen Geist zu produzieren, und der Spiritualismus muß den Einwand unbeantwortet lassen, daß die Welt schon deshalb nicht eine Schöpfung unseres Geistes sein kann, weil sie sich keineswegs unserem Willen fügt, sondern ihre eigenen, uns häufig höchst unwillkommenen Wege geht.

Aus allen diesen Schwierigkeiten hilft nun die Energetik in einer, wie mir scheint, durchaus natürlichen und sachgemäßen Weise heraus, und zwar durch den grundlegenden Umstand, daß sie den Begriff der Materie aufgelöst und entbehrlich gemacht hat. Dadurch, daß die Materie als ein Komplex von verschiedenen Energien erkannt worden ist, der aber keineswegs sämtliche bekannten Energien umfaßt (u. a. nicht Elektrizität und Licht) und daher in ganz bestimmter Weise einseitig ist, ist das eine Glied des

Gegensatzes Geist—Materie aufgehoben worden. Es besteht mit anderen Worten gar nicht mehr die Aufgabe, zu ermitteln, wie Geist und Materie in Wechselwirkung treten können, sondern es entsteht die Frage, wie sich der Begriff der Energie, der viel weiter als der der Materie ist, zu dem Begriff des Geistes stellt. Die Schwierigkeiten, zwischen Geist und Materie zu vermitteln, beruhten nur darauf, daß der Begriff der Materie unzweckmäßig gebildet war, indem er nur einen Teil der uns bekannten physischen Wirklichkeit umfaßt, und es besteht die Hoffnung, daß der angemessen weiter gebildete Begriff der Energie, in dessen Rahmen tatsächlich alles physische Geschehen enthalten ist, auch zu dem des Geistes in ein klares Verhältnis wird gebracht werden können.

Dieses Verhältnis glaube ich so auffassen zu dürfen, daß die geistigen. Geschehnisse ebenso sich als energetische auffassen und deuten lassen, wie alle übrigen Geschehnisse auch. Zwischen geistigen Vorgängen und mechanischen würde ungefähr derselbe Unterschied und dieselbe Ähnlichkeit bestehen, wie zwischen elektrischen und chemischen Vorgängen. Beide bilden bestimmte und wohlcharakterisierte Erscheinungsgruppen für sich, die unmittelbar voneinander unabhängig sind. Durch die gegenseitige Umwandelbarkeit unter bestimmten Bedingungen und nach festen Verhältnissen werden aber beide Gebiete in einen ganz bestimmten und festen Zusammenhang gebracht, und diese gegenseitigen Umwandlungserscheinungen bilden wieder eine Gruppe von Tatsachen für sich, ebenso wie man das gemeinsame Gebiet von Elektrik und Chemie in der Wissenschaft der Elektrochemie behandelt.

94. Sehen wir uns zur Gewinnung konkreter Anschauungen einmal die wichtigsten Tatsachen des geistigen Lebens an. Zunächst hängt dessen Entstehung überhaupt von den Sinneserfahrungen ab. Wir können dies ganz genau an den Unglücklichen beobachten, die mit angeborenen Mängeln bestimmter Sinnesapparate zur Welt gekommen sind. Wie unverhältnismäßig schwieriger und dürftiger ist z. B. die

geistige Entwicklung eines Taubstummen. Und kommt noch dazu angeborene Blindheit, so erscheint die Entwicklung eines mäßigen und geistigen Lebens als eine so außerordentliche Erscheinung, daß die wenigen derartigen Fälle, die bisher bekannt geworden sind, als nahezu unglaubliche Wunder aufgefaßt werden; es sei nur an den Fall Helen Keller erinnert.

Nun haben wir bereits gesehen, daß ein Sinneseindruck ganz allgemein beschrieben werden kann als ein Energieübergang zwischen der Außenwelt und einem Körperteil, der durch besondere Organisation empfindlich für kleine Energieunterschiede gemacht worden ist. Die Tatsache, daß verschiedenartige Energien, die auf den gleichen Apparat wirken, doch Empfindungen gleicher Art auslösen (z. B. Lichterscheinungen durch mechanische Einwirkung auf den Sehnerven), erfordert die Deutung, daß bereits im Sinnesapparat eine Umformung der äußeren Energie in eine andere Form stattfindet, welche durch den Nerv fortgepflanzt wird. Was hierbei fortgepflanzt wird, können wir noch nicht bestimmter angeben; wir wissen nur, daß es nicht ein gewöhnlicher elektrischer Strom sein kann, da die Fortpflanzungsgeschwindigkeit sehr viel kleiner ist, als die des Stromes. Wir wissen aber, daß irgendeine Energie fortgepflanzt wird, denn dieses Etwas kann physische Wirkungen, z. B. Zusammenziehung eines Muskels, hervorrufen und alles, was solche Wirkungen hervorrufen kann, nennen wir Energie. Wir wollen also der Kürze wegen von Nervenenergie reden, wobei dahingestellt bleiben mag, ob es sich um eine Energieart handelt, die völlig von den anderen physischen Energien unterschieden ist, oder nur um eine besondere Kombination bekannter Energien, wie ja z. B. mechanische Energien besonderer Art den Tonempfindungen verursachen. Diese Nervenenergie hat die Eigenschaft, daß sie räumlich auf den Achsenzylinder der Nervenfäden beschränkt bleibt und sich längs dieser mit einer Geschwindigkeit von einigen Dutzend Metern in der Sekunde fortpflanzt, wobei der Wert der Geschwindigkeit stark mit der Spezies und der Temperatur veränderlich ist. Die Fortpflanzung ist an den organischen Zusammenhang des

Nervs gebunden, denn wenn der Nerv zerschnitten und wieder zusammengefügt wird, so bleibt doch die Leitung unterbrochen.

Im Körper kann diese Nervenenergie verschiedenartige Wirkungen hervorbringen. Meist wird sie zum Zentralorgan (Hirn oder Rückenmark) geführt, wo sie eine neue Transformation erleidet. Oft ist der Erfolg dieser Umwandlung der, daß ein neuer Nervenstrom nach einer Gruppe von Muskeln geht und diese zur Zusammenziehung veranlaßt. Hier ist wiederum eine Transformation eingeschaltet, denn der Muskel arbeitet auf Kosten seiner eigenen chemischen Energie und der Nervenreiz dient nur als eine Auslösung, wie etwa der Druck auf den elektrischen Kontakt die wartende elektrische Energie der Leitung in Betrieb setzt. Dies ist der Weg, auf welchem die Organismen die Außenwelt beeinflussen, nachdem sie ihrerseits von dort beeinflußt worden sind. Dies ist mit anderen Worten die Reaktion des Organismus auf die Außenwelt. Sie ist in der allergrößten Mehrzahl der Fälle mechanischer Natur, und selbst wo chemische, elektrische und andere Einwirkungen auf die Außenwelt ausgeübt werden können, pflegen sie mit mechanischen Vorgängen aller Art verbunden zu sein. Durch die Ausbildung derartiger zweckmäßiger Reaktionen ermöglicht es der Organismus, mit der Außenwelt einen solchen Verkehr zu unterhalten, wie er für die Erhaltung des Individuums und die der Art notwendig ist. So sehen wir, daß die Anzahl und Feinheit der Sinnesorgane in dem Maße zunimmt, wie die Beziehungen zwischen Organismus und Außenwelt mannigfaltiger werden. Ein Eingeweidewurm mit seiner fast ganz konstanten Außenwelt, die ihm weder die Notwendigkeit auferlegt, Nahrung, noch die, Schutz zu suchen, besitzt auch demgemäß keine Sinnesorgane, außer vielleicht solchen, die ihm angeben, wann assimilierbare Nahrung ihn umgibt. Umgekehrt verfügt der Mensch nicht nur über eine Mannigfaltigkeit verschiedener Sinnesapparate, sondern seine Kultur besteht zu einem großen Teile darin, daß er durch die Ausbildung von Werkzeugen im allgemeinsten Sinne einerseits seine Sinnesapparate weit über ihre natürliche Beschaffenheit hinaus verfeinert, andererseits seine Reaktionen gegen die Außenwelt durch Einbeziehung fremder Energien immer mächtiger und folgenreicher gestaltet.

Wir finden bei diesen Betrachtungen natürlich den Zweckbegriff ganz ebenso wieder, wie wir ihn gelegentlich der Betrachtung der allgemeinsten und einfachsten Lebenserscheinungen angetroffen hatten. Gemäß dem einfachen Fundamentalgedanken Darwins, daß sich in der Welt vorwiegend das vorfindet, was die längste Dauer besitzt, werden wir bei jeder Besonderheit der Lebewesen darnach fragen können, zu welchem Zwecke sie dient. Können wir die Nützlichkeit einer bestimmten Organisation begreifen, so haben wir damit einen Grund erkannt, daß sie sich wiederholt und erhält, wenn sie einmal aufgetreten ist. Durch welche besondere Verursachung dieses Auftreten hervorgerufen worden war, ist eine Frage, die auf einem wesentlich anderen Boden steht, und deren Beantwortung von Fall zu Fall eine eingehende Untersuchung erfordert. Insbesondere wird es sich nicht als sachgemäß erweisen, eine einzige Ursache hierfür aufstellen und durchführen zu wollen. Wir wissen ja, daß die Lebewesen über mehr Mittel und Wege verfügen, als wir kennen und daß ein Vertrauen auf eine künftige Aufklärung des heute noch Unverständlichen hier nicht nur erlaubt, sondern gefordert ist.

95. Wir kehren zu der Frage nach der Wirkung der in Nervenenergie umgesetzten äußeren Energie zurück. Der eben beschriebene Vorgang, daß durch eine mehrfache Umsetzung auf den stattgehabten Eindruck eine bestimmte Reaktion oder Antwort erfolgt, ist außerordentlich allgemein. Bei vielen niederen Organismen scheint er in der Tat die einzige Form des „Seelenlebens" zu sein. Solche Wesen wählen ihre Handlungen nicht, sondern der gegebene äußere Eindruck ruft unabweislich die bestimmte Gegenwirkung des Organismus hervor. Es sei z. B. an den Einfluß der Schwere und des Lichtes auf die Stellung der Pflanzen erinnert, welcher unweigerlich und unwiderstehlich erfolgt, wenn die fraglichen

Bedingungen vorhanden sind, gleichgültig, ob im besonderen Falle die Reaktion der Pflanze nützlich oder schädlich ist. Natürlich ist sie in der Mehrzahl der Fälle nützlich, und dies ist der zweckgemäße Grund, weshalb sich die Reaktion ausgebildet und befestigt hat. Aber der augenblicklich vorliegende Fall wird von der Pflanze weiter nicht „beurteilt" und es ist durchaus möglich, Bedingungen herzustellen, unter denen die Ausführung der normalen Reaktion für sie durchaus schädlich ist.

Derartige Vorgänge enthalten nichts Unverständliches, selbst wenn sie durch Einrichtungen bewerkstelligt werden, deren Einzelheiten wir noch nicht kennen. Denn es ist möglich, ähnliche Aufgaben durch sehr verschiedenartige Mittel zu lösen. Die Automaten, welche z. B. Fahrkarten verkaufen, zeigen ähnliche, sogar entwickeltere Reaktionen. Sie geben auf den Einwurf des Nickels nicht nur die Fahrkarte heraus, sondern wenn ein Geldstück von falschem Gewicht hineingeworfen worden war, so geben die vollkommener organisierten Automaten auch das Geldstück wieder. Aber auf beliebige Scheiben von gleichem Gewicht und gleicher Form wie die Münze reagieren sie auch durch Herausgabe der Karte; sie beurteilen mit anderen Worten nur diese beiden Eigenschaften, nicht aber die weitere münzmäßige Beschaffenheit des Einwurfes. Und es macht keine Schwierigkeiten prinzipieller Art, noch weitere kritische Eigenschaften des Automaten zu entwickeln, ebenso wie es keine Schwierigkeiten macht, jene Reaktion durch ganz verschiedenartige maschinelle Einrichtungen in übereinstimmender Weise auszuführen.

Auch in diesen Fällen handelt es sich immer darum, daß durch die von außen kommende Beeinflussung irgendein energetischer Vorgang bewirkt wird, dessen Eintritt dann die Reaktion hervorruft, deren besondere Beschaffenheit durch den Bau des Apparates bestimmt wird. Wenn in dem Empfänger die durch den normalen Vorgang (den Fall der Münze) bewirkte Änderung auf irgendeine andere Weise hervorgebracht wird, so antwortet der Apparat durchaus in gewohnter Weise, denn nachdem die einwirkende Energie das Ihrige getan hat, hängt das übrige nur von der Beschaffenheit des Apparates ab. Man erkennt also die grundsätzliche Übereinstimmung des Automaten mit dem Lebewesen. Dies ist auch die Ursache gewesen, warum im 18. Jahrhundert die Konstruktion von Automaten aller Art, welche sich in gewissen Beziehungen hochorganisierten Lebewesen ähnlich verhielten, ein so großes Interesse hervorgerufen hat. Denn wenn auch diese künstlichen Klavierspieler und Enten nur einen sehr kleinen Teil der Funktionen der entsprechenden lebenden Wesen hat nachahmen können, so war doch hierdurch grundsätzlich bewiesen worden, daß auch sehr verwickelte Reaktionsreihen auf maschinenmäßigem Wege durchgeführt werden können. Und bei der Betrachtung einer modernen komplizierten Maschine, z. B. einer Spitzenwebmaschine, welche für eine ganze Anzahl von möglichen Störungen in zweckmäßiger Weise reagiert, wird man auf das lebhafteste an das Verhalten lebendiger Organismen erinnert. Es besteht ja kein Zweifel, daß bei den so ungeheuer viel ausgiebigeren Hilfsmitteln der heutigen Technik noch sehr viel weitergehende Nachahmungen der Lebensfunktionen durchgeführt werden könnten.

Es bedarf nicht erst des Hinweises, daß die Natur sich ganz anderer Mittel bedient, als der „Hebel und Schrauben" solcher Maschinen. Wichtig ist nur, daß solche verwickelte und zweckmäßig gestaltete Reaktionsreihen auf künstlichem Wege hervorgebracht werden können, denn dadurch wird der Nachweis erbracht, daß in dem Auftreten derartiger Reihen bei den Organismen kein unlösbares Rätsel gegeben wird. Kennen wir einen Weg, um die Aufgabe zu lösen, so ist es nur eine Frage der geduldigen Forschung, auch die anderen Wege und unter diesen auch die von den Organismen benutzten zu erfahren.

96. Nun aber zeigen die höheren Organismen noch weit verwickeltere Reaktionsfolgen, die dem vorhandenen Falle viel genauer angepaßt sind, als die bisher betrachteten einfachen Reflexe es sein können. Die Verschiedenheit der Einzelfälle bedingt, was wir Wahlfreiheit nennen, und es

entsteht die Frage, ob nicht in der Tatsache der Überlegung,
die zur Entscheidung zwischen verschiedenen Möglichkeiten
führt, ein Moment gegeben sei, dessen Erklärung die Mittel
der Naturwissenschaften übersteigt und immer übersteigen
muß. Mit der Wahlfreiheit ist die Tatsache des Bewußtseins,
insbesondere des Selbstbewußtseins verbunden, und eine
physikochemische oder energetische Erklärung dieser spezi-
fisch menschlichen Eigenschaft scheint nach landläufiger
Meinung ausgeschlossen zu sein.

Zunächst möchte ich Gewicht darauf legen, daß die Eigenschaft des Urteilens und Wählens nicht ausschließlich mensch-
lich ist. Ob bei einem Tiere eine solche Eigenschaft vorhanden
ist oder nicht, hängt ganz und gar nur von der Mannigfaltigkeit der Verhältnisse ab, unter denen es bestehen und sich
durchschlagen muß. Ein Vogel in vollkommen menschen-
leerer Gegend entflieht dem Menschen nicht, während eine
alte, erfahrene Krähe zu unterscheiden weiß, ob der Mensch
ein Schießgewehr hat oder nicht, denn sie richtet ihren Flug
darnach. Da insbesondere der Mensch die Lebensbedingungen
der Tiere in seiner Umgebung auf das vielseitigste beeinflußt,
so bildet sich unter den Haustieren auch die mannigfaltigste
Urteilsfähigkeit aus. Aber auch unabhängig vom Menschen
zeigen viele Tiere bei der Gewinnung ihrer Beute oder bei
ihren Schutzmaßregeln gegen Verfolgung ein sehr aus-
gedehntes Urteilsvermögen durch die Mannigfaltigkeit der
Reaktionen, die sie der Mannigfaltigkeit der Beanspruchungen
entgegenzusetzen wissen.

Wenn der Leser bei diesen Darlegungen die Vorstellung
im Hintergrunde seines Bewußtseins gehabt hat, daß es sich
doch eigentlich nur um gradweise Verschiedenheiten gegen
die vorher erörterten Fälle handelt, so hat er nur teilweise
ein richtiges Gefühl gehabt. Denn trotz der großen Ähnlichkeiten tritt hier doch ein bemerkenswertes neues Moment
auf, das wir nicht unterdrücken, sondern vielmehr so deutlich wie möglich herausarbeiten wollen. Dies neue Moment
liegt in dem Ichbewußtsein und den dadurch beeinflußten
Wahloperationen.

97. Bei der gewöhnlichen Auffassung dieser Fragen, wie sie durch die Philosophen seit jeher bedingt worden ist, erscheint uns das Ich-Problem als der Abgrund aller Geheimnisse. Nennen wir es mit Kant die synthetische Einheit der Apperzeption, oder sehen wir mit Fichte darin den Mittel- und Schwerpunkt der Welt — immer haben wir die Vorstellung, als sei diese Sache, die wir doch täglich und fast ununterbrochen erleben, unserem Verständnis für immer entzogen und befinde sich außerhalb des Gebietes, zu dem die Wissenschaft mit Recht Zutritt verlangen oder erhoffen kann. Ich glaube, wir müssen uns von diesem mystischen Schauder vor allen Dingen frei machen und uns sagen: ein Ding, das so eng mit unserem gesamten Leben verknüpft ist und daher so ungemein viele Beziehungen hat, muß gerade wegen dieser Beziehungen zahllose Handhaben bieten, es zu fassen.

Und in der Tat, wenn wir das Problem genauer studieren, so verliert es durchaus seine Schrecken. Wir erkennen, daß dem Ich zunächst wieder jenes allgemeine Vermögen der Organismen, die Erinnerung, zugrunde liegt. Dies ergibt sich zunächst daraus, daß mit dem Schwinden der Erinnerung auch das Ich schwindet. Fast jedermann hat, sei es in der Krankheit, sei es in der Narkose oder im Halbschlafe, Fälle erlebt, wo ihm der Vorrat seiner Erinnerungen zeitweilig abhanden gekommen war, und die Reaktion war die erschrockene Frage: wer bin ich? Noch auffälliger sind die gelegentlich vorkommenden Fälle des mehrfachen Ich, wo ein und derselbe Mensch periodenweise in völlig getrennte Lebensreihen führt, so daß er in den A-Perioden einen ganz anderen Charakter hat, als in den B-Perioden. Ebenso bilden die Erinnerungen aus den A-Perioden ein für sich zusammenhängendes Ganze und konstituieren das entsprechende A-Ich, das von dem B-Ich entweder gar nichts weiß, oder es nur wie eine fremde Person (die sogar gelegentlich gehaßt oder verachtet wird) kennt.

Man wird also nicht sagen: das Ich hat die Erinnerung, sondern man muß sagen: es ist die Erinnerung. Allerdings gehört zum Ich noch ein weiterer, wesentlicher Umstand, nämlich die willkürliche Hervorrufung latenter Erinnerungen.

In unserem Bewußtsein befindet sich gewöhnlich nur ein einzelnes Ding, das allenfalls von halbbewußten Anhängseln umgeben ist. Es kann also keine Rede davon sein, daß in jedem Augenblicke die Gesamtheit unserer möglichen Erinnerungen im Bewußtsein vorhanden wäre. Aber wir sind uns immer der Fähigkeit bewußt, die Mehrzahl unserer früheren Erlebnisse, wenigstens soweit wir Interesse an ihnen genommen und behalten haben, uns als Erinnerungen zurückzurufen. Meist können wir diese Operation auch im Bedarfsfalle ohne weiteres ausführen, und wir empfinden es als einen geistigen Mangel, wenn uns dies in bestimmten Fällen nicht gelingt. Diese Möglichkeit potentieller Erinnerungen ist also ein wesentlicher Bestandteil des Ichs.

Ferner sehen wir ein Kennzeichen des Ichs in seinem Charakter, d. h. in der besonderen Weise, in welchem der betreffende Mensch unter bestimmten Bedingungen handelt oder allgemein reagiert. Unter ähnlichen Bedingungen handelt der Mensch ähnlich, und je genauer wir diese seine Handlungsweise voraussagen können, um so ausgeprägter werden wir den Charakter des betreffenden Menschen nennen. Wir erkennen alsbald auch in diesem Bestandteil des Ichs die Erinnerung in dem allgemeinen Sinne, der uns schon geläufig geworden ist. Es handelt sich ja tatsächlich auch beim Charakter um nichts anderes, als um die gleichartige Wiederholung bestimmter Reaktionen unter gleichen oder ähnlichen Bedingungen.

98. Aus diesen Tatsachen wird es denn auch nicht allzu schwierig sein, eine Anschauung von den physischen, d. h. energetischen Grundlagen des Bewußtseins zu gewinnen. Wir erinnern uns, daß alle Sinneseindrücke Vorgänge in den Nervenleitungen hervorrufen, die hierbei betätigte Energie nannten wir, ohne damit eine bestimmte Vermutung über ihre Beschaffenheit aufstellen zu wollen, Nervenenergie. Nun ist es bekannt, daß ein großer Teil der Nervenleitungen nach dem Gehirn führt, und daß jeder Sinnesapparat dort seine Zentralstelle hat, von deren regelmäßiger Tätigkeit die innere Funktion der Sinnesapparate abhängt. Zwischen diesen

verschiedenen Zentren befinden sich außerdem Verbindungs-
bahnen der mannigfaltigsten Art. Die Physiologie hat außer
Zweifel gesetzt, daß während der geistigen Betätigung in
diesem Apparate Vorgänge stattfinden, die ganz allgemein
als Energieverbrauch beschrieben werden können. Welcher
Art die betätigte Energie ist, wissen wir wieder nicht; da
sie gleichfalls in nervösen Apparaten sich betätigt, können
wir sie gleichfalls Nervenenergie oder allgemein psychische
Energie nennen, indem wir uns vorbehalten, nach nötigen-
falls nach der verschiedenen Art der Betätigung auch entsprechende Energien zu unterscheiden. Wohl aber wissen
wir, daß die Quelle dieser psychischen Energie chemischer
Natur ist, denn es wird entsprechend der Stärke der geistigen
Betätigung Sauerstoff verbraucht, der eine proportionale
Oxydation vorhandener, aus der Nahrung stammender Stoffe
bewirkt.

Solange man annimmt, daß das, was in den Nerven vor
sich geht, mechanischer oder elektrischer oder chemischer
Natur ist, bleibt für die gegenseitige Beziehung der geistigen
und der physiologischen Vorgänge keine andere Auffassung
-übrig, als die prästabilierte Harmonie oder, was dasselbe
heißt, der psychophysische Parallelismus. Man muß annehmen, daß in irgendeiner ganz unverständlichen Weise an
gewisse chemische, elektrische oder mechanische Vorgänge
im Gehirn Gedanken gebunden seien, so daß jedesmal, wenn
die einen stattfinden, auch die anderen auftreten. Dabei
müssen aber beide Gruppen von Erscheinungen durchaus
getrennt bleiben, da keine bekannte Kausalität von der einen
zur anderen führt. Auf die unbefriedigende Beschaffenheit
dieses Notbehelfes ist bereits hingewiesen worden.

Von Grund aus anders wird die Auffassung, sobald man
mit dem Begriff der Nervenenergie Ernst macht. Dann steht
dem nichts im Wege, die psychischen Erscheinungen unmittelbar als Erscheinungen der Nervenenergie aufzufassen. Denn da für die Energie im allgemeinen weiter nichts
gefordert wird, als daß sie eine meßbare Größe ist, die dem
Erhaltungs- und Umwandlungsgesetz unterliegt, im übrigen

aber jeden Grad und jede Art von Mannigfaltigkeit haben kann, so erhebt sich kein grundsätzliches Bedenken dagegen, eine Energieart von dem Mannigfaltigkeitscharakter der Nervenenergie anzunehmen. Als Grundlage hierfür ist die allseitig zugegebene Tatsache anzusehen, daß kein geistiger Vorgang ohne entsprechenden Energieverbrauch stattfindet. Die Frage ist also nur: sollen wir bisher die geistigen Vorgänge als außerhalb des Kausalgesetzes stehende Begleiterscheinungen dieser Energieänderungen ansehen, oder können wir die geistigen Vorgänge mit diesen Energieänderungen identifizieren?

99. Seit einer Reihe von Jahren habe ich betont, daß alles dafür spricht, diese Identität anzunehmen, und nichts dagegen. Inzwischen sind mir zahlreiche Äußerungen über diesen Gedanken bekannt geworden, die meist im gegenteiligen Sinne lauteten. Es ist mir aber nicht möglich gewesen, in diesen Gegenreden einen durchschlagenden Gegengrund zu finden. Meist handelte es sich um mehr oder weniger grobe Mißverständnisse, bei denen, wie Kant gelegentlich klagt, das als zugegeben behandelt wurde, was bestritten war und das bewiesen wurde, was niemand in Zweifel gezogen hatte. Insbesondere war der Irrtum häufig, daß durch die Annahme einer „geistigen Energie" das Gesetz von der Erhaltung der Energie verletzt würde, wovon natürlich gar nicht die Rede ist.

Ein anderer Einwand war, daß das Problem überhaupt keine Änderung erfahren hätte, denn ob man das Denken als eine Begleiterscheinung mechanischer Schwingungen der Gehirnmoleküle oder als Begleiterscheinung anderer Energievorgänge auffasse, bleibe sich gleich. Dieser Einwand hat wenigstens den Vorzug, auf einen wesentlichen Punkt hinzuweisen, nämlich, daß die geistigen Vorgänge in all ihrer Mannigfaltigkeit eben nicht als Begleiterscheinungen der betreffenden Energie, sondern als diese Energie selbst aufgefaßt werden müssen. Ebenso wie Bewegungen die kinetische Energie kennzeichnen, so kennzeichnen die geistigen Vorgänge die psychische Energie. Und ebenso, wie vermöge der Beschaffenheit der Raumenergieen die Mannigfaltigkeit der äußeren Gestaltung der Körperwelt besteht, so besteht vermöge und als Eigenschaft der geistigen Energie die Mannigfaltigkeit der psychischen Welt.

Insbesondere das schwierigste, weil mannigfaltigste Form der psychischen Energie, das Bewußtsein, stellt sich als ein überaus verwickeltes Spiel der Nervenenergie in den miteinander zusammenhängenden Leitungsbahnen der Hirnrinde dar, wo „ein Schlag tausend Verbindungen schlägt" und all diese Reaktionen sich zu einem Gesamtkomplex, dem augenblicklichen Bewußtseinsinhalt, vereinigen, ganz wie sich die räumlichen Energien mit der chemischen zu dem Komplex des Körpers vereinigen. Eine überaus wichtige Rolle spielt hier wieder die Erinnerung, deren energetischer Ausdruck darin zu suchen ist, daß eine gewisse Energietransformation innerhalb der Großhirnrinde, die das wirkliche Erlebnis begleitet hatte, vermöge der erleichterten Wiederholung, die ja charakteristisch für alle organischen Vorgänge ist, immer wieder in übereinstimmender Weise hervorgerufen werden können. Hier schützt uns die Energetik alsbald gegen die kindliche Vorstellung von der „Aufbewahrung der Erinnerungsbilder" in den Zellen des Gehirnes, indem sie an die Stelle der Bilder die entsprechenden Vorgänge, d. h. an die Stelle einer gedachten räumlichen Mannigfaltigkeit, für welche kein Substrat nachzuweisen ist, eine zeitliche Reaktionsfolge setzt, die allein dem rein zeitlichen Charakter der geistigen Vorgänge gerecht wird.

Mit diesen wenigen Andeutungen darüber, wie die Energetik auch in dieses wichtige und schwierige Gebiet ihre charakteristische Hilfe bringt, indem sie Anleitung gibt, wie die wesentlichen Elemente der Erscheinung herauszuschälen und auszudrücken sind, muß ich mich an dieser Stelle begnügen. Denn ich kann mir die Aufgabe nicht weiter stellen, als dem Leser zu zeigen, daß die energetische Auffassung hier nicht etwa künstlich und zwangsweise den Erscheinungen aufgedrängt werden muß, sondern daß sie sich ihnen natürlich und leicht anschließt, indem sie Schwierigkeiten verschwinden und als Scheinprobleme sich auflösen läßt, die seit zwei Jahr-

tausenden den Menschengeist beschäftigt haben. Um diesen
Hauptpunkt noch einmal ins Licht treten zu lassen: für
die mechanistische Weltauffassung besteht zwischen
den physischen Erscheinungen als mechanischen
einerseits und den geistigen andererseits eine un-
überbrückbare Kluft; für die energetische Weltauffassung besteht im Gegenteile ein stetiger Zusammenhang zwischen den einfachsten Energie-
betätigungen, den mechanischen, und den ver-
wickeltsten, den psychischen.

Zwölftes Kapitel. Soziologische Energetik.

100. Die größeren Verbände, zu welchen sich die Menschen
zusammentun, müssen ebensowohl als Organismen angesehen
werden, wie die einzelnen Lebewesen, denen man traditionell
diesen Namen erteilt. Oder, damit das Wort nicht die Sache
schädigt: ebenso wie in den einzelnen Lebewesen verschiedenartige Teile vorhanden sind, welche sich in Entstehung, Erhaltung und Funktion in der mannigfaltigsten Weise gegenseitig ˙bedingen, so gibt es auch weitere Verbände, die aus
einzelnen Lebewesen bestehen, welche aber gleichfalls sich
gegenseitig in Entstehung, Erhaltung und Funktion bedingen. Um zu verstehen, um was es sich handelt, vergegen-
wärtige man sich die Verhältnisse eines Bienenstockes. Obwohl eine jede einzelne Biene so organisiert zu sein scheint,
daß sie für sich leben könnte, und obwohl sie dies auch für
eine gewisse Anzahl von Tagen könnte, so ist doch ihre ganze
Existenz an das Vorhandensein der Gesamtorganisation des
Bienenstockes geknüpft. Ohne die eierlegende Königin wäre
sie nicht entstanden, ohne die Pflege seitens der Arbeiterinnen
wäre sie nicht zur Entwicklung gekommen und ihr Bestehen
im Kampfe ums Dasein hängt davon ab, daß sie in der gemeinsamen Wohnstatt ihren Teil Arbeit tut und an den entsprechenden Vorteilen des Schutzes gegen die Winterkälte
und die nahrungslose Zeit Anteil nimmt. Damit also das

Geschlecht der Bienen bestehen bleibt, ist die Gesamtorganisation unentbehrlich, und während der Bienenstock ganz wohl fortbestehen kann, wenn auch ein erheblicher Teil seiner Bewohner ausscheidet, wie dies beispielsweise beim Ausschwärmen einer neuen Familie geschieht, so kann das ausgeschiedene Einzelindividuum ebensowenig dauernd fortbestehen, wie das abgeschnittene Spinnenbein, auch wenn dieses noch einige Zeit durch Zuckungen Lebensfunktionen erkennen läßt.

In der Tat haben wir es hier mit Organisationen zu tun, die denen der als Sonderorganismen bekannten und anerkannten durchaus vergleichbar sind. Die Tiergeschichte lehrt uns alle Übergänge von engster räumlicher und physiologischer Geschlossenheit bis zu weitgehendster Lockerung des Verbandes kennen, häufig sind diese Übergänge an demselben Geschlechte vorhanden, nur zeitlich durch die Verschiedenheit der Entwicklungsstufe getrennt. Insbesondere beobachten wir oft, daß die Jugendstadien der Tiere noch als Gesamtorganismen leben, während sie später sich als unabhängig existierende Einzelorganismen zerstreuen.

Um die Frage zu beantworten, unter welchen Voraussetzungen wir eine Gruppe von einzeln erscheinenden Lebewesen als Gesamtorganismus auffassen sollen, können wir unmittelbar das eben ausgestellte Kriterium benutzen. Wenn das Individuum ohne wesentliche Änderung seines Zustandes fortleben kann, auch nachdem es aus der Gruppe ausgeschieden ist, so werden wir die Gruppe zweckmäßig nicht als einen Gesamtorganismus auffassen. Ist eine derartige unabhängige Existenz dagegen nicht ausführbar, so liegt ein Gesamtorganismus vor.

Man darf sich den Wert dieser Unterscheidung nicht dadurch verringern lassen, daß man erklärt, es gebe Übergangsformen zwischen beiden, wo eine Entscheidung entweder nicht möglich, oder doch nicht zweifellos durchzuführen wäre. Es wird wohl wenige Naturerscheinungen geben, welche nicht dasselbe Verhältnis aufwiesen: immer sind zwischen den aufgestellten Typen Zwischenformen vorhanden, bei denen die Typenkennzeichen mehr oder weniger versagen. Durch solche

Übergangsformen werden aber die tatsächlich vorhandenen aus der Welt gebracht, Unterschiede nicht, und wenn auch die Kennzeichen bei den Zwischenformen versagen, so tun sie es doch nicht bei den typischen Formen. Die Brauchbarkeit der gewählten Einteilung kennzeichnet sich dadurch, daß die Anzahl der Zwischenformen gering ist im Verhältnis zu den typischen, und solange dies der Fall ist, hat auch die Einteilung ihre Berechtigung. Es kann ja geschehen, daß durch neue Entdeckungen die Zwischenformen so zahlreich und wichtig werden, daß dieses Zahlenverhältnis sich in sein Gegenteil verkehrt. Dann ist es allerdings angezeigt, die ganze Begriffsbildung einer erneuten Untersuchung zu unterziehen, um nachzusehen, ob sich nicht typischere Merkmale auffinden lassen. Im vorliegenden Falle ist dies noch bei weitem nicht eingetreten, und wir dürfen uns daher für berechtigt halten, in der beschriebenen Weise vorhandene Gruppenbildungen darauf anzusehen, ob sie organischer Natur sind oder nicht.

Fragt man sich, wie die Verhältnisse beim Menschen liegen, so ist die Antwort nicht ganz einfach. Während wir einerseits Lebensformen niedrigster Kultur kennen, in denen außer den Vereinigungen zu Fortpflanzungszwecken kaum von dem Zusammenschluß gruppenartiger Gebilde die Rede sein kann, ist andererseits ein moderner Kulturmensch, falls er auf seine eigenen Hilfskräfte in einer Wildnis angewiesen sein sollte, als existenzunfähig anzusehen. Ganz allgemein wird man sagen können, daß der Mensch um so mehr ein Gruppenwesen oder soziales Wesen wird, je höher seine Kultur steigt. Gleichzeitig aber erweisen sich die Gruppenbildungen um so mannigfaltiger und verwickelter, je höher der Kulturzustand ist, so daß der einzelne Mensch einer ganzen Anzahl von Gruppen verschiedenen Charakters und Zweckes angehört, die sich keineswegs in regelmäßiger Progression konzentrisch einschließen, sondern vielmehr in mannigfaltigster Weise überschneiden. So bedingt beispielsweise der Wohnort noch keineswegs die Staats- oder Landeszugehörigkeit und neben den nationalen Verbänden bestehen internationale, die je nach Umständen einen größeren oder kleineren Teil der Persönlichkeit für sich beanspruchen.

Dieser Unterschied beruht darauf, daß die Menschheit als Art nicht nur die Fähigkeit der Erhaltung, wie alle Arten der Organismen besitzt, sondern außerdem die Fähigkeit der Entwicklung oder Steigerung, die allen anderen Arten der Organismen abgeht. Hierdurch ist bedingt, daß das, was bei den Tierarten in bestimmtester Weise als Artmerkmal vorkommt und daher eine eindeutige Auffassung gestattet, beim Menschen nur als eine zwar vorhandene, aber keineswegs allgemeine und notwendige Erscheinung auftritt. So gibt es beispielsweise auch bei den Menschen Verbände, die der Organisation eines Bienenstockes in manchen Punkten ähnlich sind, und deren Mitglieder ebensowenig auf Grund ihrer regelmäßig übernommenen und ausgeführten Funktionen selbständig bestehen könnten, wie dies eine Biene kann, aber es gibt andererseits auch Formen, die ein ausgeprägt individuelles Leben zum Ausdruck bringen. Was bei den anderen Organismen daher nur in einmaliger und bestimmter Weise vorhanden ist, findet sich bei den Menschen gleichzeitig und in mannigfaltigster Abstufung vertreten.

101. Erinnern wir uns, daß beim Einzelorganismus der beständige Energiestrom sich als das wesentlichste Kennzeichen ergab, so werden wir naturgemäß auch beim Gesamtorganismus nach den Energieverhältnissen zu fragen haben. Hierbei sehen wir von denen ab, die den Individuen einzeln zukommen, da sie nicht wesentlich verschieden von denen sein werden, die wir vorher erörtert hatten, und fragen nach den neuen Verhältnissen, die durch die Verbandsbeziehung entwickelt werden.

Für die einfachen Verbände, wie sie bei den Tieren so zahlreich vorkommen, treten zwei entgegengesetzte Wirkungen auf. Einmal wird durch das gleichzeitige Vorhandensein vieler Organismen mit gleichen Bedürfnissen an derselben Stelle die Beschaffung des Energiebedarfs, insbesondere der Nahrung erschwert, weil vervielfachte Ansprüche an das Vorhandene gestellt werden. Gruppenbildungen werden sich daher nur dort entwickeln können, wo dieser Nachteil sich nicht fühlbar macht, etwa wegen reichlichen Überschusses an Nahrung. Andererseits wird durch die Vereinigung je nach Umständen der Nahrungserwerb erleichtert, und dieser Umstand kann so dringend werden, daß er den ersten überwindet; ein Beispiel ist das gruppenweise Jagen der Wölfe. Die gleichen Betrachtungen gelten für die anderen Bedürfnisse der Lebewesen, wie Schutz gegen Gefahren, Kinderpflege und ähnliches. Es ist hierbei zu beachten, daß dadurch, daß meist die Nachkommenschaft in größerer Anzahl an gleichem Orte ins Leben tritt, bereits von vornherein ein Anlaß zur Gruppenbildung gegeben ist, so daß unter sonst gleichen Umständen diese der Einzelexistenz gegenüber als begünstigt erscheint.

102. Viel mannigfaltiger betätigt sich die soziale Energetik bei den Menschen. Dies liegt daran, daß während das Tier im allgemeinen nur die Energie seines eigenen Körpers für seine Zwecke zur Verfügung hat, der ·Mensch außer dieser noch zahllose andere Energien in seinen Dienst nimmt. Hierbei sind die Beträge, die er als Einzelindividuum beherrscht, unverhältnismäßig klein gegenüber denen, deren Gewinnung ihm nur durch Verbandswirkung gelingt. In demselben Verhältnis ist die soziale Energetik mannigfaltiger und umfassender, als die individuelle.

Zunächst erkennen wir, daß die rohen Energien, wie die Natur sie bietet, nur zum kleinsten Teile unmittelbar für menschliche Zwecke brauchbar sind. Das Tier ist auf sie angewiesen; es verzehrt seine Nahrung ohne Zubereitung und verfügt über seine Muskeln nur unter Anwendung derjenigen Transformatoren, die ihm seine eigenen Glieder darbieten. Der Mensch dagegen beeinflußt die rohen Energien der Natur in mannigfaltigster Weise für seine Zwecke, und die Art sowie das Maß dieser Beeinflussung ist das, was wir Kultur nennen.

Betrachten wir zunächst den unmittelbaren Energievorrat, den Mensch wie Tier in Gestalt von potentieller Muskelarbeit, d. h. in Gestalt chemischer Energie der assimilierten Nahrung besitzt. Der charakteristische Unterschied zwischen Mensch

und Tier liegt, wie längst bekannt, darin, daß der Mensch
Werkzeug besitzt. Nun ist alles Werkzeug nichts als eine
Vorrichtung, um Energie in bestimmter, zweckent-
sprechender Weise zu transformieren. Nehmen wir
das einfachste aller Werkzeuge, den abgebrochenen Baumast,
der als solches gelegentlich sogar von Affen benutzt wird.
Er dient dazu, den Radius, über welchen die Muskelenergie
des Armes reicht, um seine Länge zu vergrößern. Durch
die Formenergie des Stabes (der daher fest genug sein muß)
wird die Muskelenergie transformiert und dorthin übertragen,
wo der Stab auftrifft. Wird er zum Schlagen benutzt, so
handelt es sich um eine Umwandlung in Bewegungsenergie;
wird er als Hebel benutzt, so ist es mechanische Arbeit, in
welche er die Muskelenergie transformiert.

Auch der geschleuderte Stein ist ein Werkzeug, denn er
befördert die Muskelenergie als Bewegungsenergie an den gewünschten Punkt, wo dann eine weitere Transformation in
dem getroffenen Körper stattfindet. Gegenüber dem Stabe
ist der Vorteil gewonnen, daß der Aktionsradius erheblich
erweitert ist, dagegen der Nachteil eingetreten, daß ein einmaliger Betrag von Energie dem Werkzeug mitgeteilt werden
muß, der während der Wirkung nicht vermehrt werden
kann.

Eine andere Art von Transformatoren finden wir in den
schneidenden Werkzeugen vor. Hier wird durch die
schmale Druckfläche der Schneide eine Konzentration der
Muskelenergie auf diese lineare Berührungsfläche und eine
entsprechende Steigerung der Intensität des Druckes bewirkt.
Dies bedingt die Möglichkeit der Einwirkung auf Gegenstände, die dem stumpfen Druck des Fingers oder selbst dem
konzentrierteren des Fingernagels widerstehen. Das Schwert
vereinigt die Vorteile des Stabes mit denen der Schneide.
Eine noch weitere Konzentration ermöglicht die Spitze, wo
der Druck auf eine nahezu punktuelle Fläche zusammen-
gezogen und daher noch viel weiter in seiner Intensität ge-
steigert ist. Spieß und Pfeil kennzeichnen die Verbindung
dieses Prinzips mit dem des Stabes und Steines.

Wie man sieht, gestattet der energetische Gesichtspunkt
alsbald, System und Ordnung in die Fragen nach den Elementen der menschlichen Kulturentwicklung zu bringen, was
in so einfacher und befriedigender Weise bisher wohl nicht
möglich gewesen war. Der gleiche Gesichtspunkt bewährt
sich auch als Führer in weitere Verwicklungen.

103. Die nächste Stufe ist die Aneignung fremder Arbeit
für eigene Zwecke. Vermutlich die erste, weil nächstliegende
Form ist die Verwendung anderer Menschen in solchem
Sinne. Es ist hier nicht nötig, die möglichen Einzelheiten
solcher Verwendung zu untersuchen, und es ist daher aus-
reichend, darauf hinzuweisen, daß neben den im freiwilligen
Schutzverbande zum Manne stehenden Familiengliedern —
Frauen und Kindern — auch noch gezwungene Arbeiter —
Sklaven — hier eine wesentliche Rolle gespielt haben und
spielen. Das Entscheidende ist die erhebliche Steigerung der
Macht und Kraft desjenigen, der sich zum Herren über andere
derartige Energien machte, seinen Genossen gegenüber.

Vermutlich später als menschliche Mitarbeiter sind
tierische in den Dienst gestellt worden. Solche kamen
für verschiedene energetische Zwecke oft gleichzeitig in Betracht einerseits zur Nahrung, andererseits zur Arbeit. Hierbei ist zu beachten, daß die entsprechende Machtsteigerung
des Besitzers nicht proportional dem Mehrbetrage an Energie
zu setzen ist, der hierdurch beherrscht wurde. Obwohl die
quantitative Arbeitsleistung eines Menschen um ein mehr-
faches geringer ist, als die eines Pferdes oder Stieres, so ist
doch die Qualität der von ersterem erzielbaren Arbeit so viel
höher als die der letzteren, daß wohl überall ein Sklave
höher geschätzt worden ist als ein Pferd oder Rind. Hier
tritt uns ein wesentlicher Faktor für den Begriff des Wertes
zum ersten Male entgegen, und wir werden uns mit der Frage
nach der Qualität der Energie weiterhin noch vielfach zu
beschäftigen haben.

104. Die dritte Stufe in der Besitzergreifung fremder Energien ist endlich die der anorganischen. Die Sagen der
verschiedenen Völker kennzeichnen die Beherrschung des

Feuers als einen überaus wichtigen Schritt in der Kulturentwicklung. Wir erkennen alsbald, um was es sich handelt:
um die erste Form, in welcher anorganische Energie dem
Menschen dienstbar gemacht wurde.

Die Bedeutung dieses Schrittes liegt nach zwei Richtungen.
Einmal darin, daß die anorganischen Energien unverhältnismäßig viel größere Energiemengen in den Dienst des einzelnen stellen und dadurch Leistungen ermöglichen, die mit
Menschen und Tieren allein sich nicht bewerkstelligen lassen.
Die andere Richtung ist die außerordentlich viel größere
Mannigfaltigkeit in den Eigenschaften und Brauchbar-
keiten der verschiedenen anorganischen Energien. Man ver-
gegenwärtige sich beispielsweise die heutige Elektrotechnik,
um zu erkennen, daß es sich hier um Leistungen handelt,
die auch qualitativ durchaus nicht mittels Organismen er-
reichbar sind.

Auf dieser dritten Stufe stehen wir noch jetzt, und zwar
mehr als je. Der Übergang vom ackerbautreibenden zum
industriellen Staate, den England seit einem halben Jahrhundert vollzogen hat, und in dem Deutschland sich eben
jetzt befindet, beruht darauf, daß der energetische Schwerpunkt der volklichen Tätigkeit sich von der Sammlung und
Verwertung organischer zu der anorganischer Energien
verschiebt. Die Folgen dieses Überganges sind keineswegs
einheitlicher Art, denn da bei dem gegenwärtigen Zustande
der Kultur bei weitem nicht alle menschlichen Bedürfnisse
aus anorganischem Material gedeckt werden können, sondern
Kleidung und Nahrung nebst einem sehr großen Teil der
Wohnung noch ganz und gar auf organischen Produkten
begründet ist, so sind die organischen Energien noch durchaus unentbehrlich und ihre Beschaffung gehört zu den allerwichtigsten Angelegenheiten eines jeden Volkes.

Somit stellen sich die verschiedenen kulturellen und wirt-
schaftlichen Organisationen als Organisationen zur Gewinnung
und Verwertung der verschiedenen Energiearten heraus. Dies
gilt nicht nur in den großen Zügen, sondern findet in allen
Einzelheiten seine Anwendung.

105. Man würde sich irren, wenn man den Begriff des Wertes allein der Energiemenge proportional setzen wollte. Zunächst werden die wenigsten Energien als solche gebraucht, sondern man verwendet sie, um sie in andere zu transformieren. Beispielsweise ist Kohle für den unmittelbaren menschlichen Gebrauch ganz wertlos, während sie andererseits das eigentliche Nahrungsmittel der Industrie, nämlich die allgemeine, für Umwandlungen aller Art verwendbare Rohenergie ist.

Da nun bei allen Umwandlungen einer Energieart in eine andere ein bestimmter Verlust an freier Energie eintritt, indem nur ein Teil der Energie die gewünschte Form annimmt, ein anderer dagegen in nutzlose Wärme übergeht, so besteht zunächst in dem Vorhandensein des entsprechenden ökonomischen Koeffizienten eine Wertskala der Energien. Eine vorhandene Form ist um so wertvoller, je vollständiger sie sich umwandeln läßt. So ist beispielsweise die Wärme eine Form, die ziemlich niedrig im Kurse steht. Seit Carnots Untersuchungen und ihrer Vollendung durch Clausius wissen wir, daß von einer gegebenen Wärmemenge immer nur ein Teil in andere Formen verwandelbar ist, nämlich der Teil, der durch das Verhältnis der verfügbaren Temperaturdifferenz zur absoluten Temperatur, bei welcher die Wärme von der Maschine aufgenommen wird, ausgedrückt wird. Dies ist indessen nur die theoretische Grenze, die von den bisher ausgeführten Maschinen bei weitem nicht erreicht wird. Die besten heutigen Maschinen, seien sie mit Dampf betriebene Kolben- oder Turbinenmaschinen oder Verbrennungsmotoren irgendwelcher Art, übersteigen schwerlich den Nutzungskoeffizienten von einem Drittel der verwendeten Wärmeenergie und lassen zwei Drittel ungenützt, d. h. unverwandelt aus der Maschine austreten, während der theoretische Nutzungswert der Kohle mehr als drei Viertel beträgt. Da wir zurzeit gar kein anderes Mittel kennen, die chemische Energie der fossilen Kohlen in andere Formen zu verwandeln, als die Verbrennung, d. h. die Überführung in Wärme, so sieht man, daß auch der Kurs dieser Energieart ein ziemlich niedriger sein muß.

106. Aus diesen Betrachtungen tritt uns alsbald die überaus große Wichtigkeit des ökonomischen Koeffizienten bei der Transformation oder des Transformationskoeffizienten entgegen. Dasselbe Verhältnis, das wir eben bei den Wärmemaschinen kennen gelernt haben, wiederholt sich bei jeder anderen Maschine, d. h. bei jeder anderen Einrichtung, die zum Transformieren der Energie dient. Wie groß hier die Unterschiede selbst in den einfachsten Fällen sind, vergegenwärtigt man sich leicht, wenn man irgendeine Schnitzarbeit einmal mit einem stumpfen und dann wieder mit einem scharfen Messer ausführt. Der theoretische Energieaufwand für die fragliche Arbeit ist derselbe, aber wie groß ist der praktische Unterschied wegen der Verschiedenheit des Transformationskoeffizienten! Und dies geht bis in die höchsten Formen der Arbeit hinauf. Eine Rechnung, über der der Anfänger stundenlang schwitzt, wird von dem Geübten in wenigen Augenblicken erledigt, und ein politisches Problem, dessen Lösungsversuche ungemessene Energiemengen verschlungen haben, wird durch einen genialen Staatsmann mit unverhältnismäßig geringeren Mitteln zur Zufriedenheit gelöst.

Man darf wirklich als die allgemeine Aufgabe der gesamten Kultur die hinstellen, die Transformationskoeffizienten der umzuwandelnden Energien so günstig wie möglich zu gestalten. Denn alles Geschehen kommt ja in letzter Instanz auf die Transformation irgendwelcher freier Energien zurück. Freie Energie läßt sich aber nicht von selbst vermehren, sondern sie vermindert sich durch alles, was geschieht. Je günstiger der Transformationskoeffizient aber ist, um so mehr von der gewünschten Energieform erhält man aus dem aufgewendeten Rohbetrage. Wir mögen in der heutigen Gesellschaft alle denkbaren Berufe ansehen: sie haben immer den Zweck einer erwünschten Energietransformation und die Aufgabe, dies so vollkommen wie möglich auszuführen, bleibt die gleiche für hoch und niedrig. Ob es sich um einen Fürsten handelt, der die Staatsmaschine mit tunlichst geringer Reibung im Gange zu halten weiß, oder um ein Fahrrad, das uns unseren täglichen Weg ins Geschäft erleichtert: beider Güte wird durch die Vermeidung unnötiger Energievergeudung gemessen. Der ökonomische Koeffizient der Energietransformation ist so wirklich der allgemeine Maßstab menschlicher Angelegenheiten.

107. Es ist hierbei zu beachten, daß es sich nicht nur um ökonomische Zwecke im engeren Sinne handelt, sondern ebenso um ethische. Ethisch nennen wir das, was im Interesse der menschlichen Gesamtheit geschieht, namentlich wenn das Gesamtinteresse das persönliche überwiegt und in den Hintergrund drängt. Nun ist der Gesamtbetrag der freien Energie, welcher der Menschheit zu Gebote steht, nicht unbegrenzt. Er setzt sich einerseits aus der täglichen Sonnenstrahlung, andererseits aus den Energiebeträgen zusammen, die von früherer Sonnenstrahlung in der Erde in Gestalt von fossiler Kohle angehäuft sind. Die Menschen können um so besser und glücklicher leben, je größer der Anteil freier Energie ist, der dem einzelnen für seine Zwecke zu Gebote steht. Allerdings geht dies nicht unbegrenzt vorwärts, denn nachdem die physiologischen Bedürfnisse nach Nahrung, Kleidung und Unterkunft gedeckt sind, nimmt der Betrag von Lebensbehagen nur langsam mit der Vermehrung des zur Verfügung stehenden Energiebetrages zu. Leider gibt es noch sehr viele Menschen, welche dieses Minimum nur durch unverhältnismäßig große Opfer in Gestalt von schwerer und niederdrückender Arbeit gewinnen können, und die Existenz einer solchen Menschenklasse ist ein beständiger Vorwurf für diejenigen, welche über das Minimum hinausgelangt sind. Es ist nun gar kein wirksameres Mittel für die Einschränkung dieses menschlichen Elends vorhanden, als die Verbesserung der Ausbeute bei der Energietransformation. Die grünen Pflanzen, auf deren Energiesammlung aus den Sonnenstrahlen bekanntlich unser ganzer energetischer Haushalt beruht, kapitalisieren nicht mehr als ein oder zwei Prozent der empfangenen freien Energie in Gestalt chemischer Verbindungen, die durch Verbrennung diese Energie wieder ausgeben können. Gelänge es, einen Transformator zu erfinden, der nur einige

Prozent mehr ergibt, so würde er der arbeitenden Menschheit mehr Entlastung bringen, als alle Wohltätigkeitsanstalten der Welt.

Mit dieser Betrachtung wollen wir schließen. Sie hat gezeigt, wie die Energetik sich als Führer in dem ganzen Gebiet der Kulturwissenschaft erweist und nicht nur für das theoretische Verständnis der Vergangenheit, sondern auch für die praktische Gestaltung der Zukunft die entscheidenden Richtlinien gibt. Auch nur die Zeichnung der allgemeinen Umrißlinien ihrer Anwendungsformen auf die verschiedenartigsten Gebiete des sozialen Lebens würde nicht nur ein besonderes Buch erfordern, sondern würde Studien voraussetzen, die fast überall noch erst zu machen sind. Denn die Energetik ist, so tief sie bisher in die Gestaltung des menschlichen Wissens, direkt und noch viel mehr indirekt, eingegriffen hat, doch noch im wesentlichen eine Wissenschaft der Zukunft. Aber wenn nicht alle Zeichen trügen, so steht diese ihre Zukunft bereits vor der Tür.

www.ingramcontent.com/pod-product-compliance
Lightning Source LLC
Chambersburg PA
CBHW020836210326
41598CB00019B/1919